INVESTIGAÇÕES MATEMÁTICAS NA SALA DE AULA

COLEÇÃO TENDÊNCIAS EM EDUCAÇÃO MATEMÁTICA

INVESTIGAÇÕES MATEMÁTICAS NA SALA DE AULA

João Pedro da Ponte
Joana Brocardo
Hélia Oliveira

4ª edição
3ª reimpressão

autêntica

COORDENADOR DA COLEÇÃO TENDÊNCIAS EM EDUCAÇÃO MATEMÁTICA
Marcelo de Carvalho Borba
(Pós-Graduação em Educação Matemática/Unesp, Brasil)
gpimem@rc.unesp.br

CONSELHO EDITORIAL
Airton Carrião (COLTEC/UFMG, Brasil), Hélia Jacinto (Instituto de Educação/Universidade de Lisboa, Portugal), Jhony Alexander Villa-Ochoa (Faculdade de Educação/Universidade de Antioquia, Colômbia), Maria da Conceição Fonseca (Faculdade de Educação/UFMG, Brasil), Ricardo Scucuglia da Silva (Pós-Graduação em Educação Matemática/Unesp, Brasil)

EDITORAS RESPONSÁVEIS
Rejane Dias
Cecília Martins

REVISÃO
Vera Lúcia De Simoni Castro
Cecília Martins

PROJETO GRÁFICO DE CAPA
Diogo Droschi

DIAGRAMAÇÃO
Waldênia Alvarenga Santos Ataíde
Camila Sthefane Guimarães

Dados Internacionais de Catalogação na Publicação (CIP)
(Câmara Brasileira do Livro, SP, Brasil)

Ponte, João Pedro da
    Investigações matemáticas na sala de aula / João Pedro da Ponte, Joana Brocardo, Hélia Oliveira. -- 4. ed.; 3. reimp. -- Belo Horizonte : Autêntica Editora, 2024. (Coleção Tendências em Educação Matemática)

    Bibliografia.
    ISBN 978-85-513-0585-0

    1. Matemática - Estudo e ensino I. Brocardo, Joana. II. Oliveira, Hélia. III. Título.

24-203207   CDD-510.7

Índices para catálogo sistemático:
1. Matemática : Estudo e ensino 510.7
Cibele Maria Dias - Bibliotecária - CRB-8/9427

 GRUPO **AUTÊNTICA**

Belo Horizonte
Rua Carlos Turner, 420
Silveira . 31140-520
Belo Horizonte . MG
Tel.: (55 31) 3465 4500

São Paulo
Av. Paulista, 2.073 . Conjunto Nacional
Horsa I . Sala 309 . Bela Vista
01311-940 . São Paulo . SP
Tel.: (55 11) 3034 4468

www.grupoautentica.com.br
SAC: atendimentoleitor@grupoautentica.com.br

Nota do coordenador

A produção em Educação Matemática cresceu consideravelmente nas últimas duas décadas. Foram teses, dissertações, artigos e livros publicados. Esta coleção surgiu em 2001 com a proposta de apresentar, em cada livro, uma síntese de partes desse imenso trabalho feito por pesquisadores e professores. Ao apresentar uma tendência, pensa-se em um conjunto de reflexões sobre um dado problema. Tendência não é moda, e sim resposta a um dado problema. Esta coleção está em constante desenvolvimento, da mesma forma que a sociedade em geral, e a escola, em particular, também está. São dezenas de títulos voltados para o estudante de graduação, especialização, mestrado e doutorado acadêmico e profissional, que livros podem ser encontrados em diversas bibliotecas.

A coleção Tendências em Educação Matemática é voltada para futuros professores e para profissionais da área que buscam, de diversas formas, refletir sobre essa modalidade investigativa denominada Educação Matemática, a qual está embasada no princípio de que todos podem produzir Matemática nas suas diferentes expressões. A coleção busca também apresentar tópicos em Matemática que tiveram desenvolvimentos substanciais nas últimas décadas e que podem se transformar em novas tendências curriculares dos ensinos fundamental, médio e superior. Esta coleção é escrita por pesquisadores em Educação Matemática e em outras áreas da Matemática, com larga experiência docente, que pretendem estreitar as interações entre a Universidade – que produz pesquisa – e os diversos cenários em que se realiza essa educação. Em alguns livros, professores da educação básica se tornaram também autores. Cada livro indica uma extensa bibliografia na qual o leitor poderá buscar um aprofundamento em algumas tendências em Educação Matemática.

Neste livro, os autores analisam como as práticas de investigação desenvolvidas por matemáticos podem ser trazidas para a sala de aula. Eles mostram resultados de pesquisas, ilustrando as vantagens e dificuldades de se trabalhar com tal perspectiva em Educação Matemática. A geração de conjecturas, reflexão e formalização do conhecimento são aspectos discutidos pelos autores ao analisarem os papéis de alunos e professores em sala de aula, quando lidam com problemas em áreas como geometria, estatística e aritmética. Este livro certamente levará o leitor a outros títulos da coleção, à medida que lida com temas como, por exemplo, o papel das tecnologias digitais em investigações e temas relacionados à psicologia da Educação Matemática. Os autores deste livro são portugueses, o que significa um passo a mais no processo de internacionalização da coleção. O primeiro autor tem diversas passagens por centros de Educação Matemática do Brasil a partir da década de 1980, já tendo também participado de diversos congressos nacionais e internacionais no país. Ele já publicou diversos trabalhos, incluindo em periódicos brasileiros, sobre temas como: o papel das calculadoras na aprendizagem de Matemática; informática e Educação Matemática e formação inicial e continuada de professores de matemática.

Marcelo C. Borba[*]

---

[*] Marcelo de Carvalho Borba é licenciado em Matemática pela UFRJ, mestre em Educação Matemática pela Unesp (Rio Claro, SP) doutor, nessa mesma área pela Cornell University (Estados Unidos) e livre-docente pela Unesp. Atualmente, é professor do Programa de Pós-Graduação em Educação Matemática da Unesp (PPGEM), coordenador do Grupo de Pesquisa em Informática, Outras Mídias e Educação Matemática (GPIMEM) e desenvolve pesquisas em Educação Matemática, metodologia de pesquisa qualitativa e tecnologias de informação e comunicação. Já ministrou palestras em 15 países, tendo publicado diversos artigos e participado da comissão editorial de vários periódicos no Brasil e no exterior. É editor associado do ZDM (Berlim, Alemanha) e pesquisador 1A do CNPq, além de coordenador da Área de Ensino da CAPES (2018-2022).

Sumário

Introdução

Pode o trabalho de investigação dos matemáticos servir de inspiração para o trabalho a realizar por professores e alunos nas aulas de Matemática? Essa questão geral suscita uma discussão sobre o que são atividades de investigação matemática e o papel que podem assumir no ensino e na aprendizagem dessa disciplina. Importa saber se está ao alcance dos alunos investigar questões matemáticas e de que forma isso pode contribuir para a sua aprendizagem. Importa também saber de que competências necessitam os professores para promover esse tipo de trabalho nas suas aulas e que condições são necessárias para que isso aconteça. Essas são as grandes questões tratadas neste livro.

Em contextos de ensino e aprendizagem, investigar não significa necessariamente lidar com problemas muito sofisticados na fronteira do conhecimento. Significa, tão só, que formulamos questões que nos interessam, para as quais não temos resposta pronta, e procuramos essa resposta de modo tanto quanto possível fundamentado e rigoroso. Desse modo, investigar não representa obrigatoriamente trabalhar em problemas muito difíceis. Significa, pelo contrário, trabalhar com questões que nos interpelam e que se apresentam no início de modo confuso, mas que procuramos clarificar e estudar de modo organizado.

Investigar em Matemática assume características muito próprias, conduzindo rapidamente à formulação de conjecturas que se procuram testar e provar, se for o caso. As investigações matemáticas envolvem, naturalmente, conceitos, procedimentos e representações matemáticas, mas o que mais fortemente as carácteriza é este estilo de conjectura-teste-demonstração.

O interesse por este tema decorre do fato de diversos estudos em educação terem mostrado que investigar constitui uma poderosa forma de construir conhecimento. Trata-se, no entanto, de uma ideia com muitos aspectos problemáticos. Por exemplo, não é evidente o modo de promover nos alunos (e nos professores) as atitudes e as competências necessárias para o trabalho de investigação. Além disso, há sempre o risco de propostas de trabalho investigativo resultarem na simples aplicação de procedimentos rotineiros, como fazer tabelas ou procurar regularidades. Finalmente, não é óbvio como pode o professor articular a realização de investigações com os outros tipos de atividade que necessariamente terão de existir na sala de aula.

Neste livro tomamos como base uma reflexão epistemológica sobre a construção do conhecimento matemático e a experiência matemática. Mostramos como pode o professor estruturar uma aula ou um conjunto de aulas dedicado à realização de trabalho investigativo e como pode realizar a avaliação dos alunos. Apresentamos uma discussão detalhada, com numerosos exemplos efetivamente vividos em sala de aula, de atividades de investigação em tópicos como a Geometria, os Números e a Estatística. Fazemos igualmente uma discussão sobre o lugar que as atividades de investigação têm no currículo de Matemática, mostrando a sua saliência nas atuais orientações curriculares de diversos países, incluindo Brasil e Portugal.

Em numerosas experiências já empreendidas com trabalho investigativo, os alunos têm mostrado realizar aprendizagens de grande alcance e desenvolver um grande entusiasmo pela Matemática. Apesar disso, não encaramos as investigações matemáticas como a chave que permite por si só resolver todos os problemas do ensino da Matemática. Há muitas outras atividades a realizar na sala de aula. Há muitos fenômenos e problemas a ter em consideração – alguns deles analisados outros livros desta coleção, como a comunicação e linguagem[1] e o papel das novas tecnologias informáticas na criação de novas situações de aprendizagem.[2]

As ideias apresentadas neste livro foram experimentadas e refinadas ao longo de todo um percurso de investigação que se iniciou em Portugal, nos anos 80 e 90, e que incluiu vários projetos e diversas teses de mestrado e doutoramento, muitas vezes em estreita associação com o uso das novas tecnologias. Neste livro não fazemos referência detalhada a esses trabalhos, remetendo desde já o leitor para outros documentos.[3] Gostaríamos de deixar, no entanto, aqui expresso o nosso mais vivo agradecimento a todos os professores e investigadores que participaram neste processo, com destaque para aqueles cujo trabalho assume uma presença mais forte neste livro – Daniela Oliveira, Irene Segurado, Olívia Sousa e Teresa Olga.

---

[1] Ver BICUDO e GARNICA (2001).

[2] Ver BORBA e PENTEADO (2001).

[3] Ver, em especial, ABRANTES, PONTE, FONSECA e BRUNHEIRA (Eds.), (1999), e também PONTE, COSTA, ROSENDO, MAIA, FIGUEIREDO e DIONÍSIO (Eds.) (2002). Muitos dos textos dessas publicações estão disponíveis em http://ia.fc.ul.pt.

Capítulo I

Investigar em Matemática

Investigar é procurar conhecer o que não se sabe. Com um significado muito semelhante, senão equivalente, temos em português os termos "pesquisar" e "inquirir". Em inglês, existem igualmente diversos termos com significados relativamente próximos para referir a essa atividade: *research, investigate, inquiry, enquiry*. O termo "investigação" pode ser usado numa variedade de contextos, falando-se, por exemplo, de investigação científica, investigação jornalística, investigação criminal e investigação sobre as causas de um acidente, caso em que se usa também o termo "inquérito". Por vezes, fala-se em investigação a propósito de atividades que envolvem uma procura de informação, por exemplo, fazer uma investigação ou pesquisa na Internet.

A investigação vista pelos matemáticos

Para os matemáticos profissionais, investigar é descobrir relações entre objetos matemáticos conhecidos ou desconhecidos, procurando identificar as respectivas propriedades. Henri Poincaré,[1] um dos grandes matemáticos do início do século XX, deixou-nos uma interessante descrição desse processo. Começou por tentar demonstrar a

---

[1] Henri Poincaré (1854-1912) destacou-se pelos seus trabalhos em Análise Infinitesimal, sendo também considerado o fundador da Topologia. A análise do trabalho de investigação matemática aqui referida foi realizada numa conferência apresentada na Sociedade de Psicologia de Paris, no início do século, publicada originalmente em 1908 no *Bulletin de l'Institut Géneral de Psycologie*, n. 3, e republicada em ABRANTES, LEAL e PONTE (1996).

impossibilidade de existência de funções com certo tipo de características. Acabou por provar precisamente o contrário! Concluiu que essas funções, afinal, existem e batizou-as de "funções fuchsianas".

Segundo o seu relato, essa investigação desenrolou-se em três fases bem distintas: uma primeira fase de compilação de informação e experimentação, sem produzir resultados palpáveis, seguida de uma fase de iluminação súbita e, finalmente, uma terceira fase de sistematização e verificação dos resultados:

> Havia já quinze dias que me esforçava por demonstrar que não podia existir nenhuma função análoga às que depois vim a chamar funções fuchsianas. Estava, então, na mais completa ignorância; sentava-me todos os dias à minha mesa de trabalho e ali permanecia uma ou duas horas ensaiando um grande número de combinações e não chegava a nenhum resultado. Uma tarde, contra meu costume, tomei um café preto e não consegui adormecer; as ideiassurgiam em tropel, sentia que me escapavam, até que duas delas, por assim dizer, se encaixaram formando uma combinação estável. De madrugada tinha estabelecido a existência de uma classe de funções fuchsianas, as que derivam da série hipergeométrica. Não tive mais que redigir os resultados, o que apenas me levou algumas horas.
>
> Quis, em continuação, representar estas funções pelo quociente de duas séries: esta ideia foi completamente consciente e deliberada, era guiado pela analogia com as funções elípticas. Perguntava a mim mesmo quais seriam as propriedades destas séries, se é que existiam, e logrei sem dificuldade formar as séries que chamei tetafuchsianas.[2]

O que torna particularmente interessante o relato de Poincaré é que o momento-chave dessa descoberta ocorreu numa altura completamente inesperada – quando procurava adormecer – sugerindo que o inconsciente desempenha um papel de grande relevo no trabalho criativo dos matemáticos. No entanto, nem todas as descobertas ocorrem por essa via. O estabelecimento da existência das séries que Poincaré chamou de "tetafuchsianas" resultou de um

---

[2] POINCARÉ (1996, p. 9).

trabalho consciente e intencional, guiado pela analogia com outras séries matemáticas já bem conhecidas.

Esse autor interroga-se sobre o mecanismo que preside à atividade criativa inconsciente, acabando por concluir que tem de ser um sentido de apreciação estética da beleza das relações matemáticas:

> Quais são os entes matemáticos a que atribuímos [...] Características de beleza e de elegância e que são susceptíveis de desencadear em nós um sentimento de emoção estética? São aqueles cujos elementos estão dispostos harmoniosamente, de forma a que a mente possa sem esforço abraçar todo o conjunto penetrando em todos os seus detalhes. Esta harmonia é simultaneamente uma satisfação para as nossas necessidades estéticas e um auxílio para a mente que a sustenta e guia. E, ao mesmo tempo, ao colocar perante os nossos olhos um conjunto bem ordenado, faz-nos pressentir uma lei matemática... Assim, é esta sensibilidade estética especial que desempenha o papel do "crivo".[3]

O processo de criação matemática surge aqui fértil em acontecimentos inesperados, de movimentos para a frente e para trás. Essa perspectiva contrasta fortemente com a imagem usual dessa ciência, como um corpo de conhecimento organizado de forma lógica e dedutiva, qual edifício sólido, paradigma do rigor e da certeza absolutas. Outro matemático famoso, George Pólya,[4] chama-nos a atenção para o contraste entre estas duas imagens da Matemática: "a Matemática tem duas faces; é a ciência rigorosa de Euclides, mas é também algo mais... A Matemática em construção aparece como uma ciência experimental, indutiva. Ambos os aspectos são tão antigos quanto a própria Matemática".[5] A mesma ideia é sublinhada pelo matemático português Bento de Jesus Caraça:[6]

---

[3] POINCARÉ (1996, p. 11-12).

[4] George Pólya (1887-1985) deixou importantes trabalhos em numerosas áreas da Matemática. É o autor de vários livros dedicados à resolução de problemas, entre os quais o famoso *How to solve it*, traduzido como *A arte de resolver problemas*.

[5] PÓLYA (1975, p. vii).

[6] Bento de Jesus Caraça (1901-1948) foi um matemático português, conhecido pela sua capacidade de divulgador e como exemplo de intervenção cívica. A passagem aqui reproduzida é retirada de um dos seus livros mais conhecidos, os *Conceitos Fundamentais da Matemática*.

A Ciência pode ser encarada sob dois aspectos diferentes. Ou se olha para ela tal como vem exposta nos livros de ensino, como coisa criada, e o aspecto é o de um todo harmonioso, onde os capítulos se encadeiam em ordem, sem contradições. Ou se procura acompanhá-la no seu desenvolvimento progressivo, assistir à maneira como foi *sendo elaborada*, e o aspecto é totalmente diferente – descobrem-se hesitações, dúvidas, contradições, que só um longo trabalho de reflexão e apuramento consegue eliminar, para que logo surjam outras hesitações, outras dúvidas, outras contradições [...] Encarada assim, aparece-nos como um organismo vivo, impregnado de *condição humana*, com as suas forças e as suas fraquezas e subordinado às grandes necessidades do homem na sua luta pelo *entendimento* e pela *libertação*; aparece-nos, enfim, como um grande capítulo da vida humana social.[7]

Uma investigação matemática desenvolve-se usualmente em torno de um ou mais problemas. Pode mesmo dizer-se que o primeiro grande passo de qualquer investigação é identificar claramente o problema a resolver. Por isso, não é de admirar que, em Matemática, exista uma relação estreita entre problemas e investigações. O matemático inglês Ian Stewart indica quais são, no seu entender, as características dos bons problemas:

Um bom problema é aquele cuja solução, em vez de simplesmente conduzir a um beco sem saída, abre horizontes inteiramente novos [...] Um interessante e autocontido pedaço de Matemática, concentrando-se num exemplo judiciosamente escolhido, contém normalmente em si o germe de uma teoria geral, na qual o exemplo surge como um mero detalhe, a ser embelezado à vontade.[8]

Quando trabalhamos num problema, o nosso objetivo é, naturalmente, resolvê-lo. No entanto, para além de resolver o problema proposto, podemos fazer outras descobertas que, em alguns casos, se revelam tão ou mais importantes que a solução do problema

---

[7] CARAÇA (1958, p. xiii).
[8] STEWART (1995, p. 17).

original. Outras vezes, não se conseguindo resolver o problema, o trabalho não deixa de valer a pena pelas descobertas imprevistas que proporciona. Como diz o matemático inglês Andrew Wiles, "é bom trabalhar em qualquer problema contando que ele dê origem a Matemática interessante durante o caminho, mesmo se não o resolvermos no final".[9]

Wiles tornou-se famoso por ter conseguido resolver um problema dificílimo – demonstrar uma célebre afirmação de Pierre de Fermat,[10] um matemático francês do século XVII. Fermat deixou escrito um enunciado nas margens de um livro de Diofanto que tinha estado a ler. Era seu costume escrever esse tipo de notas, e nesse caso acrescentou "descobri uma demonstração verdadeiramente admirável deste teorema que esta margem é muito pequena para conter". O enunciado, que veio a ser conhecido como o "Último Teorema de Fermat", dizia o seguinte:

> Se n é um número natural maior que 2, não existe nenhum terno de números naturais x, y e z, que satisfaça a equação:
> $x^n + y^n = z^n$

Essa equação é muito semelhante à que surge no teorema de Pitágoras: $x^2 + y^2 = z^2$. A diferença é que, em vez de x^2, y^2 e z^2, temos agora x^n, y^n, z^n. Sabemos, desde Pitágoras – e mesmo antes, segundo alguns estudos em História da Matemática – que existem infinitas famílias de ternos (x,y,z) que satisfazem o teorema de Pitágoras. Dois deles são, por exemplo, (3,4,5) e (5,12,13). Fermat diz-nos que o que se verifica de infinitas maneiras para $n = 2$ não se verifica nunca para $n > 2$.

Durante mais de trezentos anos, essa afirmação desafiou a sagacidade dos melhores matemáticos. Pelo caminho, muitas demonstrações foram propostas e todas elas rejeitadas, por se verificar que continham passos incorretos. A certa altura, muitos matemáticos

---

[9] SINGH (1998, p. 184).

[10] Pierre de Fermat (1601-1655), um dos grandes matemáticos do século XVII. Os elementos aqui indicados foram retirados de J. SEBASTIÃO e SILVA (1967, p. 14-15).

começaram a pensar que Fermat se deveria ter enganado, não chegando a produzir uma demonstração correta do seu teorema.

Foi o matemático inglês Andrew Wiles, que havia dedicado toda a sua vida até então a trabalhar nessa questão, quem conseguiu finalmente, em 1994, encontrar uma demonstração convincente.[11]

> Desde que pela primeira vez encontrei o Último Teorema de Fermat, em criança, ele tem sido a minha maior paixão... Tive um professor que realizara investigações em Matemática e que me emprestou um livro sobre Teoria dos Números, que me deu algumas pistas sobre como começar a atacá-lo. Para começar, parti da hipótese de que Fermat não conhecia muito mais Matemática do que a que eu aprendera.[12]

Nessa passagem, Wiles sublinha o valor de interessar os jovens pelas investigações matemáticas. A afirmação que os alunos podem envolver-se na realização de investigações matemáticas e que isso é um poderoso processo de construção do conhecimento é corroborada por outros matemáticos:

> [Os alunos podem ter] um sabor da Matemática em construção e do trabalho criativo e independente... [Eles podem] generalizar a partir da observação de casos, [usar] argumentos indutivos, argumentos por analogia, reconhecer ou extrair um conceito matemático de uma situação concreta (PÓLYA).[13]

> Entre o trabalho do aluno que tenta resolver um problema de geometria ou de álgebra e o trabalho de criação, pode dizer-se que existe apenas uma diferença de grau, uma diferença de nível, tendo ambos os trabalhos uma natureza semelhante (HADAMARD).[14]

> Aprender Matemática não é simplesmente compreender a Matemática já feita, mas ser capaz de fazer investigação de

---

[11] Wiles apresentou uma primeira demonstração em 1993, que se viria a revelar incompleta. No ano seguinte, no entanto, apresentou uma nova demonstração, realizada em colaboração com um ex-aluno, que viria a ser aceita pela comunidade matemática.

[12] SINGH (1998, p. 93).

[13] PÓLYA (1981, p. 157 e 101).

[14] HADAMARD (1945, p. 104).

natureza matemática (ao nível adequado a cada grau de ensino). Só assim se pode verdadeiramente perceber o que é a Matemática e a sua utilidade na compreensão do mundo e na intervenção sobre o mundo. Só assim se pode realmente dominar os conhecimentos adquiridos. Só assim se pode ser inundado pela paixão "detetivesca" indispensável à verdadeira fruição da Matemática. Aprender Matemática sem forte intervenção da sua faceta investigativa é como tentar aprender a andar de bicicleta vendo os outros andar e recebendo informação sobre como o conseguem. Isso não chega. Para verdadeiramente aprender é preciso montar a bicicleta e andar, fazendo erros e aprendendo com eles (BRAUMANN).[15]

Processos usados numa investigação matemática

O matemático português Carlos Braumann[16] relata uma experiência de investigação que realizou como aluno do ensino secundário, a propósito dos números complexos. Um número complexo z, da forma $a+bi$, em que a e b são números reais e i é a unidade imaginária, tem n raízes dadas por certa expressão. Ao calcular raízes de diversos números complexos, observou que, para qualquer número, a soma de todas as raízes era sempre nula. Procurou então encontrar uma justificação para esse fato. Para isso, recorreu à interpretação geométrica de um número complexo como um vetor, e por analogia com os sistemas de forças e as respectivas resultantes, mais se reforçou a sua convicção que tal fato deveria ser verdadeiro. Não se dando por satisfeito, procurou uma demonstração mais formal, o que conseguiu ao fim de bastante trabalho, mostrando que, no fundo, o problema geral era equivalente ao problema mais simples de considerar as n raízes de índice n da unidade. O problema ficou resolvido mas Braumann não ficou completamente satisfeito... Tempos depois, tendo tomado conhecimento de uma notação mais potente para os números complexos, e usando a noção já sua

---

[15] BRAUMANN (2002, p. 5).

[16] Carlos Braumann tem-se dedicado ao estudo de modelos matemáticos em Biologia. As referências ao seu trabalho são retiradas de uma conferência realizada em Coimbra, em maio de 2002, no *XI Encontro de Investigação em Educação Matemática* (BRAUMANN, 2002).

conhecida de progressão geométrica, descobriu outra demonstração muito mais simples e esteticamente mais apelativa para esse fato matemático (em apêndice, o leitor pode ver uma descrição mais pormenorizada do percurso realizado, baseada no próprio teste-munho desse matemático).

Podemos dizer que a realização de uma investigação matemá-tica envolve quatro momentos principais.[17] O primeiro abrange o reconhecimento da situação, a sua exploração preliminar e a for-mulação de questões. O segundo momento refere-se ao processo de formulação de conjecturas. O terceiro inclui a realização de testes e o eventual refinamento das conjecturas. E, finalmente, o último diz respeito à argumentação, à demonstração e avaliação do trabalho realizado. Esses momentos surgem, muitas vezes, em simultâneo: a formulação das questões e a conjectura inicial, ou a conjectura e o seu teste etc. Cada um desses momentos pode incluir diversas atividades como se indica no Quadro 1.

QUADRO 1 - Momentos na realização de uma investigação

Exploração e formulação de questões	▪ Reconhecer uma situação pro-blemática ▪ Explorar a situação problemática ▪ Formular questões
Conjecturas	▪ Organizar dados ▪ Formular conjecturas (e fazer afir-mações sobre uma conjectura)
Testes e reformulação	▪ Realizar testes ▪ Refinar uma conjectura
Justificação e avaliação	▪ Justificar uma conjectura ▪ Avaliar o raciocínio ou o resulta-do do raciocínio

---

[17] A presente discussão tem por base o trabalho realizado por PONTE, FERREIRA, VARAN-DAS, BRUNHEIRA e OLIVEIRA (1999).

Em todos esses momentos pode haver interação entre vários matemáticos interessados nas mesmas questões. Essa interação torna-se obrigatória na parte final, tendo em vista a divulgação e a confirmação dos resultados. Só quando a comunidade matemática aceita como válida uma demonstração para um dado resultado este passa a ser considerado como um teorema. Antes disso, o que temos são conjecturas ou hipóteses.

Poincaré conjecturou inicialmente que não existiam funções com as características que ele procurava. Mais tarde, negou essa conjectura, formulando a conjectura contrária, segundo a qual tais funções deviam existir. O modo de verificar essa conjectura surgiu-lhe inesperadamente, mas só realizou a demonstração completa numa fase posterior.

A afirmação de Fermat, rigorosamente falando, não foi mais do que uma conjectura que permaneceu como tal durante vários séculos. Só a demonstração finalmente oferecida por Wiles deu à comunidade matemática a certeza de que não existem ternos (x,y,z) satisfazendo as condições indicadas, encerrando assim a questão. Entre Fermat e Wiles, muitas ideias matemáticas foram desenvolvidas a partir das tentativas falhadas de demonstrar o enunciado deixado por aquele matemático francês.

A pequena investigação relatada por Braumann nasceu de um trabalho exploratório, de observação de regularidades nas raízes dos números complexos. Implícita está a questão: que relações têm entre si essas raízes? Uma observação de diversos casos sugeriu que a sua soma era sempre nula. Uma analogia física com os sistemas de forças deu grande credibilidade intuitiva a essa conjectura. No entanto, Braumann continuou a trabalhar na questão, procurando uma demonstração para a relação matemática em causa, o que viria a conseguir, mas de modo bastante laborioso. A questão não ficou completamente encerrada, visto que o autor, tirando partido de uma notação mais potente, descobriu mais tarde uma nova demonstração, que, pela sua simplicidade e elegância, lhe agradou muito mais. Nesse caso, o que sobressai não é a variedade de conjecturas, mas os diversos processos de justificação e prova sucessivamente postos em ação.

Esse trabalho de formulação de questões, elaboração de conjecturas, teste, refinamento das questões e conjecturas anteriores, demonstração, refinamento da demonstração e comunicação dos resultados aos seus pares está ao alcance dos alunos na sala de aula de Matemática. É o que nos dizem diversos matemáticos e o que mostraremos, com exemplos concretos, ao longo de diversos capítulos deste livro.

As investigações como tarefas matemáticas

As investigações matemáticas constituem uma das atividades que os alunos podem realizar e que se relacionam, de muito perto, com a resolução de problemas. Também vimos, a propósito do relato de Braumann, como uma investigação se pode desencadear a partir da resolução de simples exercícios. O que distingue então as investigações dos problemas e dos exercícios?

A distinção entre exercício e problema foi formulada por Pólya e tem-se mostrado muito útil para analisar os diferentes tipos de tarefa matemática. Um problema é uma questão para a qual o aluno não dispõe de um método que permita a sua resolução imediata, enquanto que um exercício é uma questão que pode ser resolvida usando um método já conhecido. É claro que pode haver exercícios mais difíceis, requerendo a aplicação mais ou menos engenhosa de vários métodos e também existem problemas mais simples ao lado de outros mais complicados. Em vez de uma dicotomia, temos um *continuum* entre exercício e problema, e o seu interesse educativo depende de muitos fatores para além do seu grau de dificuldade.

Os exercícios e os problemas têm uma coisa em comum. Em ambos os casos, o seu enunciado indica claramente o que é dado e o que é pedido. Não há margem para ambiguidades. A solução é sabida de antemão, pelo professor, e a resposta do aluno ou está certa ou está errada. Numa investigação, as coisas são um pouco diferentes. Trata-se de situações mais abertas – a questão não está bem definida no início, cabendo a quem investiga um papel fundamental na sua definição. E uma vez que os pontos de partida podem não ser exatamente os mesmos, os pontos de chegada podem ser também diferentes.

Na disciplina de Matemática, como em qualquer outra disciplina escolar, o envolvimento ativo do aluno é uma condição fundamental da aprendizagem. O aluno aprende quando mobiliza os seus recursos cognitivos e afetivos com vista a atingir um objetivo. Esse é, precisamente, um dos aspectos fortes das investigações. Ao requerer a participação do aluno na formulação das questões a estudar, essa atividade tende a favorecer o seu envolvimento na aprendizagem.

O conceito de investigação matemática, como atividade de ensino-aprendizagem, ajuda a trazer para a sala de aula o espírito da atividade matemática genuína, constituindo, por isso, uma poderosa metáfora educativa. O aluno é chamado a agir como um matemático, não só na formulação de questões e conjecturas e na realização de provas e refutações, mas também na apresentação de resultados e na discussão e argumentação com os seus colegas e o professor.

Não advogamos neste livro que o professor se limite a propor aos seus alunos a realização de investigações. Há, sem dúvida, lugar para os exercícios, os problemas, os projetos e as investigações. O grande desafio é articular esses diferentes tipos de tarefa de modo a constituir um currículo interessante e equilibrado, capaz de promover o desenvolvimento matemático dos alunos com diferentes níveis de desempenho.

Capítulo II

A aula de investigação

Assumindo que as investigações matemáticas são um tipo de atividade que todos os alunos devem experimentar, coloca-se a questão de saber como será possível realizá-las na sala de aula de Matemática. Como organizar o trabalho? Que etapas percorrer? O que se pode esperar do desempenho dos alunos? Qual pode ser o papel do professor?

Pode sempre programar-se o modo de começar uma investigação, mas nunca se sabe como ela irá acabar. A variedade de percursos que os alunos seguem, os seus avanços e recuos, as divergências que surgem entre eles, o modo como a turma reage às intervenções do professor são elementos largamente imprevisíveis numa aula de investigação. Neste capítulo discutimos os principais aspectos a ter em conta numa aula em que os alunos fazem investigações, evidenciando a multiplicidade de situações que podem ocorrer.

Uma atividade de investigação desenvolve-se habitualmente em três fases (numa aula ou conjunto de aulas): (i) introdução da tarefa, em que o professor faz a proposta à turma, oralmente ou por escrito, (ii) realização da investigação, individualmente, aos pares, em pequenos grupos ou com toda a turma, e (iii) discussão dos resultados, em que os alunos relatam aos colegas o trabalho realizado. Essas fases podem ser concretizadas de muitas maneiras. Neste livro apresentamos aquela que tem vindo a ser a mais utilizada pelos professores: uma pequena introdução, seguida da realização da investigação, em pequenos grupos e, finalmente, a discussão dos resultados, em grande grupo.

Neste capítulo iremos também debruçar-nos sobre o papel do professor nas aulas de investigação. Existe, por vezes, a ideia de que, para que o aluno possa, de fato, investigar, é necessário deixá-lo trabalhar de forma totalmente autônoma e, como tal, o professor deve ter somente um papel de regulador da atividade. No entanto, o professor continua a ser um elemento-chave mesmo nessas aulas, cabendo-lhe ajudar o aluno a compreender o que significa investigar e aprender a fazê-lo.

O arranque da aula

Essa fase, embora curta, é absolutamente crítica, dela dependendo todo o resto. O professor tem de garantir que todos os alunos entendem o sentido da tarefa proposta e aquilo que deles se espera no decurso da atividade. O cuidado posto nesses momentos iniciais tem especial relevância quando os alunos têm pouca ou nenhuma experiência com as investigações.

Muitas vezes a tarefa é fornecida aos alunos por escrito, o que sem dúvida é vantajoso, mas não dispensa uma pequena introdução oral por parte do professor. No caso de alunos mais novos, a leitura conjunta do enunciado poderá ser imprescindível para a sua boa compreensão, nem que seja somente para esclarecer certos termos com que não estão familiarizados. Contudo, independentemente do nível etário da classe, há que garantir, nessa fase inicial, que os alunos compreendem o que significa investigar. Para tal têm de entender a natureza desse tipo de tarefa, que se afasta bastante das atividades mais habituais na sala de aula. De fato, aqui o aluno não está perante uma questão bem delimitada a que tem de dar uma resposta, fazendo mais ou menos cálculos, mas tem, ele próprio, de formular as suas questões com base na situação que lhe é apresentada.

Por exemplo, numa tarefa que tem sido utilizada em diferentes níveis de escolaridade, intitulada *Explorações com números*, aquilo que se pede ao aluno é que identifique relações entre os números que se encontram num quadro (ver o Quadro 2).[1] Aos alunos, levanta-se imediatamente a questão: "o que é que é para fazer?". Terão de começar por olhar para a tabela e observar bem os números, talvez "brincar" um pouco com eles, manipulá-los, ou seja, a tarefa exige um raciocínio de tipo indutivo, que é algo muito natural no nosso dia a dia, mas que, em geral, está muito pouco presente nas aulas de Matemática.

QUADRO 2 - Explorações com números

Procure descobrir relações entre os números:			
0	1	2	3
4	5	6	7
8	9	10	11
12	13	14	15
16	17	18	19
...	...	...	...
Como sempre, registre as conclusões que for obtendo.			

Essa atitude investigativa na abordagem da tarefa deve ser estimulada pela introdução feita pelo professor, o qual poderá, em especial com os alunos mais novos, utilizar expressões próximas dessa ideia e que ajudam a clarificar o seu sentido. Por exemplo, incentivar os alunos a serem "pequenos exploradores" ou a "partirem à descoberta" são metáforas que transmitem o sentido de investigação e que ajudam a marcar a diferença em relação às tarefas a que os alunos estão mais habituados.[2]

No caso dessa tarefa, os alunos facilmente se apercebem, por exemplo, da localização dos números pares e dos números ímpares, ou dos múltiplos de 2, porque são regularidades muito óbvias no quadro. Essas primeiras constatações levam-nos para outro patamar que é o da formulação de questões. Assim, por analogia, podem

---

[1] Esta tarefa e as que se apresentam mais adiante foram desenvolvidas pela equipa do projeto MPT – *Matemática para todos*.

[2] Estes são alguns dos exemplos relatados em OLIVEIRA (1998).

questionar-se: "Onde se encontram os múltiplos de 4?". Portanto, a fase de arranque é fundamental para que o aluno entenda qual é a atitude que o professor espera dele nessas aulas.

No entanto, se a introdução inicial do professor for demasiado pormenorizada relativamente ao que "é para fazer", poderá condicionar a exploração a realizar pelos alunos. Em princípio, se a tarefa for suficientemente rica, não existe o perigo de que o professor limite a possibilidade de os alunos estabelecerem as suas próprias conjecturas, se der algumas pistas de exploração ou pedir a eles algumas sugestões. Em particular, quando os alunos estão pouco ou nada familiarizados com as investigações, é importante que tal seja feito, o que além do mais contribui para que o trabalho progrida posteriormente mais depressa. Não devemos esquecer, porém, que a interpretação da tarefa deve ser, ela própria, um dos objetivos dessas aulas, pelo que, gradualmente, deve esperar-se que o aluno a realize autonomamente ou com os seus colegas.

O sucesso de uma investigação depende também, tal como de qualquer outra proposta do professor, do ambiente de aprendizagem que se cria na sala de aula. É fundamental que o aluno se sinta à vontade e lhe seja dado tempo para colocar questões, pensar, explorar as suas ideias e exprimi-las, tanto ao professor como aos seus colegas. O aluno deve sentir que as suas ideias são valorizadas e que se espera que as discuta com os colegas, não sendo necessária a validação constante por parte do professor.

Portanto, na fase inicial de uma investigação, o professor deve procurar criar esse tipo de ambiente e informar os alunos do papel que se propõe desempenhar. Esses devem saber que podem contar com o apoio do professor, mas que a atividade depende, essencialmente, da sua própria iniciativa.

Ao iniciar a investigação, é importante também que o aluno saiba o que lhe é pedido, em termos de produto final. Perceber que aquilo que ele vai fazer vai ser mostrado aos colegas, confere ao seu trabalho um caráter público, o que constitui para ele, simultaneamente, um estímulo e uma valorização pessoal.

Por fim, é de notar que a fase introdutória da investigação deve ser relativamente breve para que o aluno não perca o interesse pela tarefa, e o tempo disponível da aula seja bem aproveitado para a realização da investigação. Ademais, o professor pode sempre tentar compensar no decorrer da aula algum aspecto que se mostre menos conseguido nessa fase inicial.

O desenvolvimento do trabalho

Tendo sido assegurada, mediante o momento inicial, a compreensão dos alunos acerca da atividade que se irá realizar, o professor passa a desempenhar um papel mais de retaguarda. Cabe-lhe então procurar compreender como o trabalho dos alunos se vai processando e prestar o apoio que for sendo necessário. No caso em que os alunos trabalham em grupo, as interações que se geram entre eles são determinantes no rumo que a investigação irá tomar. No entanto, há que ter em atenção que, se os alunos não estão acostumados nem a trabalhar em grupo nem a realizar investigações, fazer entrar na aula, simultaneamente, esses dois elementos novos pode trazer alguns problemas de gestão ao professor.

Ao se propor uma tarefa de investigação, espera-se que os alunos possam, de uma maneira mais ou menos consistente, utilizar os vários processos que caracterizam a atividade investigativa em Matemática. Como referimos, alguns desses processos são: a exploração e formulação de questões, a formulação de conjecturas, o teste e a reformulação de conjecturas e, ainda, a justificação de conjecturas e avaliação do trabalho.

Tomemos como exemplo uma investigação realizada por uma turma da 7ª série, com cerca de 30 alunos de 12-13 anos, em que foi proposta a tarefa *Explorações com números*, referida na seção anterior. A professora tinha uma boa opinião acerca desses alunos, em especial, pela forma como aderiam às suas propostas de trabalho, embora nunca tivesse realizado investigações com eles. A investigação decorreu em duas aulas de 50 minutos, tendo sido gastos uma aula e meia na realização da tarefa em pequenos grupos e o restante do tempo na apresentação oral do trabalho dos diferentes grupos. A professora havia feito uma breve introdução em que, basicamente, forneceu algumas indicações sobre o registro do trabalho que os alunos deveriam fazer, uma vez que pretendia recolhê-lo no final da aula. Sugeriu, por exemplo, que a identificação das diferentes relações encontradas fosse feita com canetas de cores. Em relação à própria tarefa apenas referiu que poderia ser útil prolongar a tabela e esclareceu alguns alunos sobre o modo como isso poderia ser feito.

Vejamos como se desenvolveu parte do trabalho de um dos grupos constituído por duas moças, Telma e Rute, e três moços, André, José e Leandro. Trata-se, segundo a professora, de um grupo de alunos bastante heterogêneo.

Explorando a situação e formulando questões

A exploração inicial da situação é uma etapa na qual os alunos, muitas vezes, precisam de gastar algum tempo. Aos olhos do professor, porém, pode parecer que nada está acontecendo e que os alunos estão com dificuldades quanto a essa atividade. No entanto, essa etapa é decisiva para que depois os alunos comecem a formular questões e conjecturas. É nessa fase que se vão embrenhando na situação, familiarizando-se com os dados e apropriando-se mais plenamente do sentido da tarefa.

A situação de trabalho em grupo potencializa o surgimento de várias alternativas para a exploração da tarefa, o que numa fase inicial pode ser complicado em termos da autogestão do grupo. Muitas vezes, um ou dois alunos tomam a liderança e levam o grupo a centrar-se em certas ideias, facilitando, assim, o trabalho conjunto.

Em muitas tarefas de investigação, os alunos são levados a começar por gerar (mais) dados e a organizá-los, e só depois começam a conseguir formular questões. Por vezes, as conjecturas surgem logo na sequência da manipulação desses dados. Por sua vez, o surgimento de conjecturas leva à necessidade de fazer testes, o que poderá exigir que sejam gerados ainda mais dados.

No caso de tarefas em que os alunos procuram regularidades, como a do nosso exemplo, é habitual, após o surgimento das primeiras questões e do estabelecimento das primeiras conjecturas, que os alunos formulem outras questões e conjecturas por analogia com as anteriores. Esse é um raciocínio desejável em todo o tipo de tarefa, sendo uma sugestão que o professor poderá fazer aos alunos quando estão num impasse, ou simplesmente, para enriquecer a sua investigação.

No exemplo seguinte, os alunos fazem espontaneamente esse tipo de raciocínio. Eles se encontram a trabalhar há já algum tempo, tendo identificado diversas relações, e começam a procurar os quadrados perfeitos na tabela.

Telma: Vamos tentar com o quê? Com as potências, para ver se dá alguma coisa?

Rita: Com as raízes quadradas?

José: 4 vezes 4, dá 16.

Leandro: 4 vezes 4, dá 16.

José: 5 vezes 5, dá 25.

Telma: Está aqui.

José: 6 vezes 6, 36.

Leandro: Está aqui, não dá.

André: Não dá.

José: Está na primeira.

Teresa: 7 vezes 7, 49. Também não dá.

Rute: Vejam as potências. A segunda potência de qualquer coisa.

Telma: Rute, era o que estávamos a fazer: 1 vezes 1 é 1; 2 vezes 2, são 4; 3 vezes 3, 9.

Rute: 6 vezes 6, 36. Olha lá, está aqui na primeira coluna.

Telma: Olha lá, Rute.

André: Isso não deve dar.

Rute: Diz?

André: As potências não deve dar.

Nesse episódio verifica-se o empenho de todos os alunos na busca de uma regularidade na disposição dos quadrados perfeitos. Na sequência de outras regularidades que haviam encontrado, os alunos têm em mente certo comportamento para essas potências, mas que nunca expressam verbalmente. Dado que essa busca se mostra infrutífera, vai decrescendo a convicção de que é possível encontrar aquilo que procuram.

Os alunos colocam uma questão, "onde é que se encontram as potências [de expoente 2]?", e têm uma conjectura implícita de que essas potências se distribuem de certa forma, mas, ao prosseguirem a análise da tabela, sentem que esta não é apoiada pelos dados que possuem. Sobressai, pois, nesse segmento, um aspecto importante das investigações: a formulação de questões. Para tal foi necessário que os alunos tivessem conhecimento do conceito de potência e, em seguida, na formulação da conjectura, possuíssem, também, certa noção de sequência. Isso evidencia como esses alunos procuram integrar os seus conhecimentos matemáticos na investigação, algo que o professor deve estimular no decurso da aula.

É de salientar, ainda nesse episódio, a atitude dos alunos de procura de mais e mais regularidades, não se sentindo satisfeitos após terem descoberto duas ou três. As próprias características dessa tarefa poderão ter sido um fator-chave para que isso acontecesse, uma vez que ela permite uma variedade de explorações de acordo com os conhecimentos matemáticos dos alunos.

Portanto, nesse episódio os alunos procuram dar resposta a uma questão que se começa a mostrar infrutífera. Essas situações podem conduzir a um impasse quando os alunos persistem em continuar a exploração na mesma direção. A intervenção do professor pode ser muito útil nesses casos. No exemplo concreto, a intervenção da professora poderia estimular os alunos a continuarem a sua busca de uma regularidade na distribuição dos quadrados perfeitos, ajudando-os a expressar as suas ideias acerca do tipo de comportamento que procuravam encontrar na distribuição desses números.

Formulando e testando conjecturas

As conjecturas podem surgir ao aluno de diversas formas, por exemplo, por observação direta dos dados, por manipulação dos dados ou por analogia com outras conjecturas. Esse trabalho indutivo tende, por vezes, a ficar confinado ao pensamento do aluno, não existindo uma formulação explícita da conjectura, tal como vimos no episódio anterior. Outras conjecturas são apenas parcialmente verbalizadas, existindo uma linguagem gestual que completa aquilo que não é dito. Por exemplo, na tarefa em análise, os alunos, frequentemente, indicam no quadro determinada regularidade, por meio de exemplos, com a convicção de que os restantes colegas irão intuir o mesmo resultado. Daqui decorre a importância da realização de um registro escrito do trabalho de investigação. É somente quando se dispõem a registrar as suas conjecturas que os alunos se confrontam com a necessidade de explicitarem as suas ideias e estabelecerem consensos e um entendimento comum quanto às suas realizações.

O teste de conjecturas é um aspecto do trabalho investigativo que os alunos, em geral, interiorizam com facilidade e que se funde, por vezes, com o próprio processo indutivo. Isto é, a manipulação dos dados começa a apontar no sentido de certa conjectura para logo em seguida essa ser refutada por um caso em que não se verifica. No entanto, existe alguma tendência dos alunos para aceitarem as conjecturas depois de as terem verificado apenas num número reduzido de casos. Essa forma de encarar o teste de conjecturas pode ser combatida pelo professor, quer no apoio que concede aos grupos, quer na fase de discussão em que os alunos podem ser estimulados a procurar contraexemplos.

Esses aspectos do processo investigativo observam-se no episódio seguinte e que surge na sequência do anterior. Um dos alunos, com interesse em quadrados perfeitos, pôs-se então a adicionar números, em silêncio. Após um breve instante, surge-lhe algo que, de imediato, procura partilhar com os colegas.

André: Espera aí... Vê lá! (dirigindo-se a Telma que está sentada ao seu lado) Se somarmos estes dois, vai dar um nesta fila.
Telma: Vai dar... (confirma com André os cálculos deste)
André (agora para todos): Olha lá o que é que eu descobri!
André e Telma: Somando estes dois, vai dar um desta fila. Dá 13. Somando 14 e 15, dá 29.
Telma: Tchan tchan! (expressando contentamento com a descoberta)
André: Calma. Agora soma este e vê onde é que dá? 4 e 5, 9; 8 e 9, 17.

Rute: Não, não dá.

André: Vai dar sempre na mesma

Telma (mostrando no papel): Está bem, mas vai dar na mesma.

Rute: Então, está bem, pronto. Vamos escrever.

Telma: Então, vá. Como é que vamos escrever isso?

Rita: "Somando..." Vamos primeiro a esta...

Telma: "Somando os dois primeiros algarismos de cada linha"...

André: "de cada linha", não, "das duas últimas colunas".

Telma: Se somarmos estes dois números, o resultado aparece aqui, depois aqui, alternando de um em um. (E continuam a tentar encontrar uma formulação que corresponda ao que têm em mente)

A conjectura de André, de que a soma de dois elementos de uma mesma linha que pertençam à terceira e quarta colunas encontra-se na segunda coluna, é facilmente aceita por todos os colegas. No entanto, esse aluno parece ter em mente um resultado ainda mais geral e propõe ao grupo que teste também a adição de elementos da primeira com a segunda coluna. O teste da conjectura, embora muito limitado, é facilmente aceito por todos os alunos, com exceção de Rute, inicialmente, mas que parece ir ficando convencida pelos exemplos que lhe mostram. Curiosamente, é essa aluna que imediatamente faz a sugestão da escrita das "conclusões", o que vai impedir que tal conjectura seja testada em relação às outras colunas.

Ao escreverem a sua conjectura (última fala), incluem um elemento que não havia sido referido oralmente – a alternância de uma linha entre os resultados que se obtêm –, mas que parece ter estado sempre implícito.

Mais uma vez, verifica-se que os alunos tendem a apresentar conjecturas não completamente explícitas, existindo, porém, uma linguagem não verbal, que se apoia nos gestos e na observação dos dados, a qual facilita a compreensão mútua.

A importância que a professora atribuiu ao registro escrito é bem interiorizada pelos alunos, que se preocupam em escrever, o mais fielmente possível, os seus resultados. O registro escrito, que se pede numa investigação como essa, constitui um desafio adicional para alunos desse nível de escolaridade, porque exige um tipo de representação que nunca utilizaram.

No entanto, ele desempenha um papel fundamental nesse tipo de trabalho a vários níveis e não deve ser descuidado pelo professor. Por um lado, a escrita dos resultados permite ao professor aceder posteriormente ao trabalho dos alunos de forma a analisar o seu desempenho e a planificar as aulas seguintes. Esses elementos são imprescindíveis para o sucesso do momento de discussão do trabalho realizado, quer para os alunos, que assim podem comunicar mais facilmente os seus resultados, quer para o professor que precisa ter um bom conhecimento daquilo que cada grupo fez. Por outro lado, a capacidade dos alunos de comunicar matematicamente, cuja importância é bem conhecida, pode aqui ser trabalhada de forma espontânea e genuína para os alunos, uma vez que diz respeito aos seus próprios pensamentos. A adicionar a esses motivos, haverá a acrescentar e recordar que a escrita dos resultados ajuda os alunos a clarificarem as suas ideias, nomeadamente a explicitar as suas conjecturas, e favorece o estabelecimento de consensos e de um entendimento comum quanto às suas realizações.

O professor precisa estar atento a todo esse processo de formulação e teste de conjecturas, para garantir que os alunos vão evoluindo na realização de investigações. Desse modo, cabe-lhe colocar questões aos alunos que os estimulem a olhar em outras direções e os façam refletir sobre aquilo que estão a fazer.

No episódio que se segue, podemos ver como a professora sugere uma pequena generalização para uma conjectura, ao mesmo tempo que suscita a verificação das afirmações dos alunos. Isso ocorre num momento em que o grupo ainda procura registrar as suas "conclusões" e a professora vem ver como está decorrendo o trabalho.

Professora: Deixem lá ver. Vocês estão somando a segunda com a terceira e a terceira com a quarta coluna e estão vendo que o resultado aparece na segunda coluna... E por que é que não veem as outras colunas?
Alunos: Já vimos.
Professora: Também dá na segunda? E a primeira com a terceira?

José: 2, 4 e 6, 10. Também dá!

Alunos: Também dá.

Professora: Também dá onde?

José: A primeira com a terceira...

André: Mas dá noutra.

Telma: A primeira com a terceira dá o resultado na terceira.

André: Mas dá noutra.

Professora: Ah, então nem sempre aparece na segunda. Talvez seja melhor verem isso... (afasta-se do grupo)

André: A segunda com a quarta aparece na primeira.

Rute: Então, escrevemos em relação a todos.

Não sabemos se a conjectura dos alunos ia ao ponto de considerarem que a soma de dois elementos de uma mesma linha se encontra sempre na segunda coluna, nem se a tinham testado para outros elementos que não os da primeira com a segunda coluna ou os da terceira com a quarta. No entanto, quando a professora os confronta com essa hipótese, respondem-lhe afirmativamente, ainda que sem apresentarem dados. A professora desafia-os a testarem a sua conjectura e esses rapidamente se apercebem de que essa é falsa, mas que permite estabelecer outra. Os alunos dispõem-se, então, a registrar essas conjecturas em relação a todas as colunas (última fala).

A intervenção da professora foi positiva, na medida em que permitiu acelerar o processo de teste de conjectura e ganhar tempo para outras explorações do quadro, sem desvirtuar o processo investigativo. De fato, a professora, tendo em conta tudo aquilo que já havia visto que os alunos conseguiam fazer, fê-los avançar, porém, sem lhes dizer diretamente se estavam certos ou errados.

Justificando as conjecturas

Verifica-se vulgarmente que os alunos tendem a intitular as suas conjecturas de conclusões. Por vezes, é o próprio professor que utiliza essa linguagem quando se aproxima de um grupo: "Então o que é que já concluíram?" ou "Quais são as suas conclusões?". Em certos casos é a própria tarefa que utiliza esse termo, como é o caso de *Explorações com números*... Sem se aperceberem, os alunos transformam as suas conjecturas em conclusões sem passarem por um processo de justificação.

A justificação ou prova das conjecturas é uma vertente do trabalho investigativo que tende, com alguma frequência, a ser relegada para segundo plano ou até mesmo a ser esquecida, em especial nos níveis de escolaridade mais elementares. No entanto, é fundamental, para que o processo investigativo não saia empobrecido, que o professor procure levar os alunos a compreender o caráter provisório das conjecturas. Se, por um lado, é necessário insistir na realização de testes de conjecturas e se, de fato, uma conjectura parece tornar-se mais credível à medida que resiste a sucessivos testes,[3] por outro lado, os alunos devem compreender que o teste, só por si, não confere o estatuto de conclusão aos seus resultados.

A introdução da ideia de prova matemática pode ser feita gradualmente, restringindo-se, numa fase inicial e com os alunos mais novos, à procura de uma justificação aceitável, que se baseie num raciocínio plausível e nos conhecimentos que os alunos possuem. À medida que os alunos vão interiorizando a necessidade de justificarem as suas afirmações e que as suas ferramentas matemáticas vão sendo mais sofisticadas, vai-se tornando mais fácil realizarem pequenas provas matemáticas.

No caso da investigação que estamos apresentando, a professora procurou, em alguns momentos, questionar os alunos quanto à justificação das suas conjecturas, como poderemos verificar no episódio seguinte.

Nessa fase do trabalho, os alunos tinham chamado a professora para prestar um pequeno esclarecimento quanto ao registro das conjecturas. André continua mais interessado nos números do que na escrita e, abstraindo-se da presença da professora junto deles, dirige-se à colega sentada ao seu lado para mostrar-lhe algo que descobriu. Este comentário do aluno desperta a atenção da professora.

---

[3] Ver PÓLYA (1990).

André: Já viu, se calhar isto aqui, está vendo (apontando para o quadro), quando somamos estas vai dar um número ímpar e quando somamos estas...

Professora: *Sim, sim, diz André.*

André: Dá um número par.

Professora: *O quê? Diz.*

André: Esta aqui com esta dá um número par. E estas com estas dá um número ímpar.

José: Não, não.

André: É sim.

Telma: Esta coluna é toda ímpar.

Rute: Pois é.

Professora: *Pois é. E então a soma? Quando somam esta com...*

André: Esta com esta dá ímpar aqui. E esta com esta aqui dá par.

Professora: *Pois, porquê?*

Alunos: (continuam a mostrar na tabela)

Professora: *É verdade, André, mas por quê?*

André: Somando esta com esta, dá par aqui.

Rute: Somando esta com esta?

André: Somando esta com esta, dá número ímpar.

Telma: Somando as colunas ímpares, dá número par e somando ímpar com um par, dá ímpar.

Professora: *E par com par?*

Alunos: Par com par dá par.

Professora: *Pronto, mas isso é porque a soma de números pares é um número...?*

Alunos: Par.

Professora: *A soma de números ímpares é um número...?*

Alunos: Par.

Professora: *E a soma de um par com um ímpar o que vai dar?*

Alunos: Ímpar.

André (dirigindo-se ao Leandro): Percebeu?

Leandro: Não.

André passa, então, a explicar ao seu colega o raciocínio anterior, enquanto Telma e Rute começam a tentar registrar as suas "conclusões". A professora, por sua vez, afasta-se do grupo, sem fazer mais comentários.

Analisando o que se passou nesse segmento, vemos que a conjectura que surge na primeira intervenção do André está relacionada com aquelas que estavam a tentar registrar até aquele momento. Verifica-se, pois, alguma dificuldade por parte do grupo em conciliar estas duas facetas da investigação: a exploração e a escrita dos resultados.

A professora ter-se-á apercebido de que a ideia de André era interessante e decide agarrá-la. A sua atuação nesse segmento tem dois momentos distintos. Num primeiro momento, incentiva André a explicar de um modo mais claro a sua conjectura e, num segundo momento, procura levar os alunos a pensar sobre a justificação para essa conjectura.

Nesse primeiro momento, a professora dá oportunidade a todo o grupo para se debruçar sobre a conjectura de André. Os alunos rapidamente estendem a conjectura a todas as colunas, agora já sem necessitarem do estímulo da professora, dado que se trata de um raciocínio idêntico ao que haviam desenvolvido no segmento anterior.

A professora passa, de imediato, a introduzir a questão, "por quê?", que a princípio não é entendida pelos alunos. Esses continuam a olhar de forma genérica para as colunas, em termos da sua paridade, e têm dificuldade em compreender o pedido de justificação feito pela professora. Acaba por ser ela própria a recordar a propriedade que os alunos já conheciam sobre a adição de números pares e ímpares.

Embora essa ocasião parecesse favorável à introdução do processo de justificação, os alunos não terão compreendido totalmente a intenção da professora. Dado que o grupo não estava familiarizado com esse processo, seria necessário demarcar mais claramente aquilo que era a conjectura daquilo que era a sua justificação matemática. Somente o trabalho continuado com esse tipo de tarefa pode levar os alunos a compreenderem a necessidade de justificarem matematicamente as suas afirmações – em lugar de encarar esse pedido como uma estranha imposição por parte do professor.[4]

---

[4] Ver BROCARDO (2001).

A discussão da investigação

No final de uma investigação, o balanço do trabalho realizado constitui um momento importante de partilha de conhecimentos. Os alunos podem pôr em confronto as suas estratégias, conjecturas e justificações, cabendo ao professor desempenhar o papel de moderador. O professor deve garantir que sejam comunicados os resultados e os processos mais significativos da investigação realizada e estimular os alunos a questionarem-se mutuamente. Essa fase deve permitir também uma sistematização das principais ideias e uma reflexão sobre o trabalho realizado. É, ainda, um momento privilegiado para despertar os alunos para a importância da justificação matemática das suas conjecturas. No caso de alunos ainda pouco familiarizados com as investigações, o modelo que o professor possa oferecer nessa fase da aula é determinante para que esses comecem a perceber o sentido de uma demonstração matemática.

A fase de discussão é, pois, fundamental para que os alunos, por um lado, ganhem um entendimento mais rico do que significa investigar e, por outro, desenvolvam a capacidade de comunicar matematicamente e de refletir sobre o seu trabalho e o seu poder de argumentação. Podemos mesmo afirmar que, sem a discussão final, se corre o risco de perder o sentido da investigação.

De fato, as investigações constituem um contexto muito favorável para gerar boas aulas de discussão entre os alunos. No entanto, a aula de Matemática, habitualmente, não é um lugar em que os alunos estejam habituados a comunicar as suas ideias nem a argumentar com os seus pares. Desse modo, é natural que o professor sinta algumas dúvidas sobre como tirar partido das potencialidades do trabalho investigativo para realizar aulas de discussão produtivas.

Existem muitas opções para estruturar uma aula de discussão com toda a turma, colocando-se, desde logo, a questão do momento em que essa deverá ter lugar. Muitas vezes, o professor estabelece de início o tempo que quer conceder para a realização da tarefa e para a discussão final, e faz com que esse plano seja cumprido, com maior ou menor flexibilidade. No entanto, há que estar atento aos sinais que vêm dos alunos, quer de cansaço, indicando que será melhor parar a investigação, quer de desejo de prosseguir a sua exploração, indicando que será necessário conceder-lhes mais tempo. Essas decisões, nem sempre simples, são facilitadas quando o professor conhece bem os seus alunos e sabe até onde pode ir.

No caso da investigação que apresentamos na seção anterior, a professora decidiu de antemão reservar cerca de metade da segunda aula para a discussão final. Embora tenha tido necessidade de dar mais algum tempo para que os alunos terminassem de registrar os seus resultados, ela conseguiu realizar a discussão da forma que havia planejado.

A professora, tendo noção do trabalho realizado por cada um dos grupos, uma vez que havia recolhido as folhas de registro dos grupos no fim da primeira aula, estabeleceu uma ordem de apresentação na qual os grupos que haviam identificado um menor número de regularidades, ou apenas aquelas que eram comuns a todos, seriam os primeiros a intervir. Preparou uma transparência com a tabela que se encontrava na tarefa, mas à qual acrescentou mais algumas linhas. Solicitou que o porta-voz de cada grupo fosse junto do retroprojetor apresentar os seus resultados, oralmente, exemplificando com os números da tabela. Apresentamos, a seguir, dois episódios que ilustram alguns dos elementos que julgamos deverem caracterizar essa fase do trabalho na aula com as investigações matemáticas.

Aprofundando uma conjectura

Um grupo está apresentando os resultados da sua investigação por meio do seu porta-voz, Dário. A professora havia referido no início dessa fase de discussão que os outros grupos poderiam intervir sempre que quisessem fazer algum comentário, nomeadamente, para acrescentar alguma coisa ao que estava a ser apresentado. Telma, elemento de um outro grupo, depois de ouvir a conjectura de Dário, procura dar mais uma ajuda.

> Dário: O resultado da soma das filas [linhas], o resultado está sempre na terceira coluna. Aqui o resultado dá 6, está na terceira... Dá 22. Dá sempre na terceira coluna.

Professora: *Portanto, somando os números de uma mesma linha o resultado está sempre na...*

Alunos: Terceira coluna.

Telma: Professora, nós fizemos isso também mas reparamos noutra coisa, que "o resultado aparece na terceira coluna, mas alternando de 4 em 4, exceto da primeira vez".

Professora: *Ah, eu estava à espera que alguém dissesse alguma coisa. Pode vir explicar aqui, Telma?*

Telma: (exemplifica, na transparência, a conjectura do seu grupo)

Dário: Deve ter a ver com o número das colunas.

Professora: *"Deve ter a ver com o número das colunas", diz Dário, por isso é que vai de 4 em 4 (pausa). Querem dizer mais alguma coisa em relação a isto? Não? Vamos avançar?*

Essa intervenção da aluna evidencia que estava bem atenta à apresentação do colega para poder comparar com o trabalho realizado pelo seu grupo. Essa tinha sido, aliás, uma das chamadas de atenção que a professora fez no início da fase de discussão: "Prestar atenção ao que os grupos apresentam para depois não se repetirem".

A conjectura do grupo de Telma acrescenta uma propriedade relativamente à que havia sido apresentada por Dário, enriquecendo-a um pouco. Curiosamente, esse aluno relaciona de imediato esse novo elemento com as características do quadro, o que ilustra bem como o processo investigativo pode continuar a desenvolver-se de uma maneira espontânea, mesmo nessa fase final, em resultado das interações que se geram.

Observamos, em relação à atuação da professora, que a pressão de tempo para que todos os grupos fizessem a sua apresentação nessa aula, fez com que não aproveitasse essa oportunidade para explorar a justificação da conjectura apresentada, para a qual Dário já tinha avançado com uma ideia: "Deve ter a ver com o número de colunas". Embora tendo feito uma pausa para ver se outros alunos se manifestavam, acabou por avançar para outro assunto.

No entanto, nessa situação a professora poderia ter enveredado, com alguma facilidade, por uma justificação dessa conjectura dado que, a propósito das conjecturas de outro grupo, já tinham representado, no quadro, genericamente os elementos de cada coluna, do seguinte modo:

Poderiam, então, demonstrar que a soma dos elementos de uma mesma linha se encontra na 3ª coluna, fazendo: $4n + (4n+1) + (4n+2) + (4n+3) = 4\times4n + 4 + 2 = 4\times(4n+1) + 2$.

$4n$	$4n+1$	$4n+2$	$4n+3$
0	1	2	3
4	5	6	7
8	9	10	11
12	13	14	15
16	17	18	19
20	21	22	23
...	...	...	...

No caso de os alunos ainda não possuírem conhecimentos de álgebra suficientes para compreender todos os passos, é possível raciocinar com eles de um modo mais informal. Agrupam-se as parcelas que representam múltiplos de 4 e utiliza-se o raciocínio muito simples, mesmo para os graus mais elementares, de que "a soma de dois múltiplos de 4 é também um múltiplo de 4".

É igualmente fácil ajudar os alunos a perceberem por que motivo o resultado da adição dos elementos de uma linha surge de 4 em 4 nessa coluna. Para tal podem começar por observar que a diferença entre esses resultados é sempre 16 (6, 22, 38...). Depois pode pedir-se para investigarem, em cada coluna, qual a relação entre cada elemento e o seu sucessor (+4), o que é fácil de justificar dado o fato de existirem 4 colunas. Daí é simples entender que quando se adicionam os elementos, por exemplo, da 2ª linha, estamos a adicionar quatro números cada um dos quais com mais 4 unidades do que na linha anterior, ou seja:

$4 + 5+ 6+ 7 = (0+4) + (1+4) + (2+4) + (3+4) = (0+1+2+3) + (4+4+4+4) = 6 + 16$.

O mesmo raciocínio se pode fazer em relação às linhas seguintes, pelo que cada elemento que se obtém por meio dessa adição dista sempre 4 linhas do anterior. E, portanto, esse fato decorre do "número de colunas" que a tabela possui, tal como Dário já havia sugerido.

Essa justificação, muito elementar do ponto de vista dos conhecimentos matemáticos que exige, entra em linha de conta com aspectos identificados pelos alunos em diferentes conjecturas, o que os ajuda a ter uma compreensão mais global dessa tarefa e dos conteúdos matemáticos que estão ali em jogo.

Uma conclusão por maioria de razão

Embora, como já referimos, os processos de justificação não tenham sido muito frequentes na realização dessa investigação, houve mesmo assim alguns momentos na fase de discussão em que eles estiveram presentes. O episódio seguinte, que ocorreu quando da apresentação do primeiro grupo, diz respeito a uma situação dessa natureza.

O porta-voz desse grupo já havia começado a relatar os seus resultados indicando onde se encontravam, na tabela, os números pares e os ímpares. Entretanto, um elemento de um outro grupo, Manuel, coloca o braço no ar:

Professora: *Manuel...?*
Manuel: Os números primos encontram-se unicamente na segunda e quarta coluna.
Professora: *Mas alguém falou em números primos?*
Manuel: Então, falaram na segunda e na quarta coluna!
Professora: *Não estou a percebendo, Manuel. O que quer dizer?*
Manuel: É isso. É que como na segunda e na quarta coluna só há números ímpares, também na primeira e terceira coluna não pode haver números primos, excetuando o 2.
Professora: *Ah! É que você sabe que só há um número primo que é par, é isso?*
Manuel e outros alunos: O 2.
Professora: *Qual é?*
Alunos: O 2.
Professora: *É o 2. Portanto, os outros primos logicamente só podem estar nas colunas onde estão números...*

Mauro e outros alunos: Ímpares.
Professora: *Muito bem. Vamos continuar.*

A professora, embora não tendo percebido, de início, a relação entre o comentário de Manuel e o que estava sendo relatado pelo outro grupo, deu-lhe oportunidade de explicar a sua ideia. De fato, a conjectura desse aluno relacionava-se perfeitamente com aquilo que os colegas haviam relatado e é um exemplo de uma conjectura que, apoiada num raciocínio lógico e não apenas em alguns casos particulares, se afigura como conclusão. Manuel inferiu a sua conclusão por um raciocínio por maioria de razão, o qual é, aliás, bastante comum em Matemática. Adicionalmente, esse aluno chamou a atenção para a exceção, o número dois, o que também é algo muito característico nessa ciência. Esse momento foi muito interessante, do ponto de vista do pensamento matemático, e dificilmente seria usufruído pela turma, se não houvesse essa possibilidade de pôr em comum os resultados do trabalho realizado.

Salientando a riqueza das explorações desenvolvidas pelos alunos, a professora afirmou a dada altura: "Estão vendo como a mesma atividade gera tantas coisas e tão diferentes!". Dessa forma, os alunos puderam aperceber-se mais plenamente do caráter divergente das investigações e da postura que devem assumir nessas aulas.

Os papéis do professor numa aula de investigação

Como pudemos observar com base nos exemplos apresentados, o professor tem um papel determinante nas aulas de investigação. Contudo, a interação que ele tem de estabelecer com os alunos é bem diferente da que ocorre em outros tipos de aula, levando-o a confrontar-se com algumas dificuldades e dilemas. Tais aulas representam um desafio adicional à sua prática mas, certamente, traduzem-se também em momentos de realização profissional.

No acompanhamento que o professor faz do trabalho dos alunos, ele deve procurar atingir um equilíbrio entre dois polos. Por um lado, dar-lhes a autonomia que é necessária para não comprometer a sua autoria da investigação e, por outro lado, garantir que o trabalho dos alunos vá fluindo e seja significativo do ponto de vista da disciplina de Matemática. Com esse duplo objetivo em vista, o professor deve procurar interagir com os alunos tendo em conta as necessidades particulares de cada um e sem perder de vista os aspectos mais gerais de gestão da situação didática. Desse modo, o professor é chamado a desempenhar um conjunto de papéis bem diversos no decorrer de uma investigação:[5] desafiar os alunos, avaliar o seu progresso, raciocinar matematicamente e apoiar o trabalho deles. São esses os aspectos que consideramos em seguida.

Desafiar os alunos

Na fase de arranque da investigação, é fundamental garantir que os alunos se sintam motivados para a atividade a realizar. O professor tem aqui um papel muito importante, como vimos, procurando criar um ambiente adequado ao trabalho investigativo. Por outro lado, o professor deve dar uma atenção cuidadosa à própria tarefa, escolhendo questões ou situações iniciais que, potencialmente, constituam um verdadeiro desafio para os alunos.

Perante um conjunto de alunos com interesses, aptidões e conhecimentos diversificados, como acontece habitualmente na sala de aula, a proposta de questões abertas aumenta a possibilidade de esses se envolverem na atividade. De fato, esse tipo de questão, que não está completamente formulada, pode ser interpretada e concretizada de diversas maneiras pelos alunos, cabendo ao professor estimular essa criatividade nas suas explorações. Essa fase inicial do trabalho investigativo é fundamental para criar nos alunos um espírito interrogativo perante as ideias matemáticas. A situação mais familiar na aula de Matemática é a procura de respostas para as questões colocadas pelo professor, o que pode levar os alunos a serem mais afirmativos do que interrogativos.[6] O professor deve, pois, combater essa tendência, mostrando-lhes como é possível interrogar matematicamente as situações e formular boas questões.

Mesmo após o arranque da investigação, o professor precisa continuar a desafiar os alunos no decorrer da atividade de maneira a que

---

[5] Esta discussão apoia-se no trabalho relatado em PONTE, OLIVEIRA, BRUNHEIRA, VARANDAS e FERREIRA (1998).
[6] Ver BROCARDO (2001).

essa avance normalmente. Isso se torna particularmente importante quando os alunos chegam a um impasse ou quando, depois de explorarem uma questão, interrompem o ciclo de trabalho. Por isso, o professor tem de estar atento ao trabalho dos alunos, como veremos em seguida.

Avaliar o progresso dos alunos

O professor precisa recolher informações sobre o modo como se vai desenrolando o trabalho dos alunos, desde o primeiro momento da investigação. Na fase inicial, torna-se imprescindível observar se os alunos compreenderam bem a tarefa e como reagiram a ela, isto é, se a tarefa constitui realmente um desafio para eles. À medida que se vão embrenhando na investigação, o professor tem de estar atento à forma como os alunos encaram o trabalho, pois pode acontecer que esses procurem obter uma resposta como se se tratasse de um simples exercício. Será que eles já se apropriaram do conceito de investigação ou estão trabalhando de forma puramente convencional?

Assumindo que as investigações são, em geral, realizadas em pequenos grupos, o professor procura acompanhar o mais possível o trabalho de cada um deles. Ao chegar junto de um grupo, um dos seus objetivos é recolher informações sobre o desenrolar da investigação. Antes de mais nada, procura compreender o pensamento dos alunos, fazendo perguntas e pedindo explicações, evitando ajuizar apressadamente sobre o seu trabalho. Constitui um desafio para o professor perceber aonde os alunos querem chegar, uma vez que não acompanhou todo o processo. Muitas vezes, os alunos não possuem um registro escrito organizado daquilo que fizeram e têm muitas limitações na comunicação matemática oral. Tal situação, desfavorável à avaliação do seu progresso, poderá ser realizada pelo professor colocando boas perguntas, tendo paciência para escutar e fazendo um esforço sério para compreendê-los, evitando corrigir cada afirmação ou conceito matematicamente pouco correto.

Por meio dessas informações sobre o progresso da investigação em cada grupo, o professor adota a estratégia de interação com os alunos que se revela mais adequada naquele momento, intervindo consoante as necessidades que neles detecta. As suas opções podem ir desde um simples averiguar se tudo está sendo bem conduzido, dando o sinal de que podem prosseguir sem problemas, até a um apoio muito direto que interfere positivamente no trabalho dos alunos. Por outro lado, a avaliação do progresso da investigação pode, em certas circunstâncias, levar o professor a reequacionar determinadas decisões quanto ao desenrolar da aula. Assim, pode decidir, por exemplo, conceder mais tempo à realização da investigação, fazer uma pequena discussão intermediária com toda a turma ou, até mesmo, passar à discussão final.

Raciocinar matematicamente

Numa aula em que os alunos realizam investigações matemáticas, é muito provável, e desejável, que o professor raciocine matematicamente e de modo autêntico. Dada a natureza desse tipo de atividade, é muito natural que os alunos formulem questões em que o professor não pensou. De fato, é mesmo impossível antever todas as explorações que podem surgir a partir de uma tarefa matemática verdadeiramente aberta e estimulante.

Deve existir, por parte do professor, uma predisposição para manifestar, perante os alunos, o seu raciocínio matemático. Mediante o modelo do professor, os alunos podem aprender muito sobre aspectos fundamentais do processo investigativo. Esse constitui, pois, um elemento importante a ser utilizado para promover a aprendizagem dessa faceta do trabalho na disciplina de Matemática.

Uma das situações em que o professor é levado a raciocinar matematicamente de modo espontâneo ocorre quando os alunos formulam uma conjectura em que esse não havia pensado e que não é muito evidente. Num primeiro momento, o professor pode até ter dificuldade em compreender a ideia dos alunos e ter de reformular para si próprio a questão matemática com base nos elementos que lhe são apresentados. Trata-se, também, de uma ocasião privilegiada para o professor evidenciar como se aborda o teste de conjecturas, pensando em voz alta com os alunos.

Se essas duas etapas do processo investigativo (a formulação e o teste de conjecturas) não levantam, em geral, grandes problemas ao professor, já a justificação de conjecturas pode tornar-se um verdadeiro desafio. É que, por vezes, conjecturas aparentemente simples, formuladas até por alunos dos níveis elementares, escondem processos de prova bastante complexos, mesmo para o professor. Este tem de avaliar rapidamente se será apropriado parar para pensar ou deixar isso para um momento posterior.

Nos dois episódios que apresentamos a propósito da aula de discussão, observa-se que a professora confrontou-se com afirmações inesperadas dos alunos. Por exemplo, no primeiro (*Aprofundando uma conjectura*), um aluno avança com uma pista para tentar explicar a conjectura dos seus colegas, dizendo: "Deve ter a ver com o número das colunas". A professora repete a afirmação do aluno, esperando que mais alguém se pronuncie sobre esta: "Deve ter a ver com o número das colunas, diz o Dário, por isso é que vai de 4 em 4 (pausa). Querem dizer mais alguma coisa em relação a isto?". Não tendo pensado na prova dessa conjectura e pressionada pelo tempo que restava, a professora acaba por fazer avançar a aula, sem dar resposta à indicação do aluno. Embora seja necessário, por vezes, tomar essas decisões, isso não deve ser impeditivo de se voltar a abordar a questão, com mais tempo, motivando os alunos a justificarem as suas afirmações.

No segundo episódio (*Uma conclusão por maioria de razão*), a professora deu oportunidade ao aluno de expor o seu raciocínio, tirando uma conclusão por maioria de razão e apresentando uma exceção, processos bem característicos da Matemática. Por meio do questionamento que foi fazendo, a professora não só evidenciou perante a turma que estava raciocinando matematicamente sobre as afirmações do aluno, como o ajudou a desenvolver a sua argumentação.

A realização de investigações proporciona, muitas vezes, o estabelecimento de conexões com outros conceitos matemáticos e até mesmo extramatemáticos. O professor precisa estar atento a tais oportunidades e, mesmo que não seja possível explorar cabalmente essas conexões, deve estimular os alunos a refletir sobre elas. Essa é mais uma das situações em que o professor dá evidência do que significa raciocinar matematicamente.

Apoiar o trabalho dos alunos

Existem aspectos do papel do professor que se prendem diretamente com o apoio que concede aos alunos de forma a garantir que são atingidos os objetivos estabelecidos para a atividade.

No decorrer de uma investigação, essa sua ação incide sobre duas áreas principais: a exploração matemática da tarefa proposta e a gestão da situação didática, promovendo a participação equilibrada dos alunos na aula. Ambas são importantes, mas neste livro damos mais atenção aos aspectos relacionados com a primeira.

Na condução da aula, o professor tem de estar atento a aspectos característicos do processo investigativo, bem como a outros de natureza mais geral. O apoio a conceder pelo professor assume várias formas: colocar questões mais ou menos diretas, fornecer ou recordar informação relevante, fazer sínteses e promover a reflexão dos alunos.

Numa aula com investigações, o professor deve, sem dúvida, privilegiar uma postura interrogativa. As questões que coloca podem, no entanto, assumir diversas formas e ter objetivos diversos. Muitas vezes, a intenção do professor ao colocar uma questão é, simplesmente, a de clarificar ideias, quer para a sua própria compreensão, quer para a de toda a turma. Tal é o caso quando a professora diz apenas: "Não estou a percebendo, Manuel. O que quer dizer?".

Quando os alunos se confrontam com dúvidas ou com um impasse no seu trabalho, não sabendo como prosseguir, o professor deve começar por colocar questões abertas. Muitas vezes, quando os alunos lhe colocam uma questão, a melhor estratégia é devolvê-la, levando-os a pensar melhor sobre o seu problema. Por vezes, há necessidade de as questões se transformarem em sugestões orientadoras da atividade dos alunos. Isso foi o que aconteceu num dos episódios anteriormente relatados, em que a professora procurou que os alunos verificassem as suas conjecturas: "Deixem lá ver. Vocês estão somando a segunda com a terceira e a terceira com a quarta coluna e estão vendo que o resultado aparece na segunda coluna... E por que é que não veem as outras colunas?" Depois de os alunos se terem apercebido de que não podiam concluir o que tinham afirmado, a professora estimula-os a olhar com atenção para as suas conclusões, afastando-se do grupo: "Talvez seja melhor verem isso...".

Uma das grandes vantagens de apresentar uma postura interrogativa nas aulas com investigações é o fato de ajudar os alunos a compreenderem que o papel principal do professor é o de apoiar o seu trabalho e não simplesmente validá-lo. Portanto, as habituais perguntas dos alunos, "está bem? É isto que o professor quer?", devem ouvir-se cada vez menos à medida que os alunos interiorizam qual é o seu papel e o do professor nessas aulas.

Embora dando primazia ao questionamento como modo de apoio do progresso do trabalho dos alunos, o professor precisa, por vezes, também de fornecer e recordar informação. Trata-se de garantir que o fluxo da investigação não se perca porque os alunos não compreendem certos conceitos ou formas de representação importantes para a atividade. Por vezes, é necessário recordar conceitos anteriormente estudados, por exemplo, por meio de perguntas esquadrinhadoras. De qualquer modo, seja ou não a partir das perguntas do professor, esses conceitos podem ganhar um novo significado para os alunos quando são utilizados na abordagem de uma nova questão matemática.

Outro aspecto importante do papel do professor ao apoiar os alunos é o de promover a reflexão desses sobre o seu trabalho. É importante ajudá-los a fazer uma síntese da atividade, descrevendo os seus avanços e recuos, os objetivos que tinham em mente e as estratégias que seguiram. Mais uma vez, torna-se necessário que o professor questione para que os alunos compreendam que aquilo que se pretende não é dizer se "está bem" ou se "está mal", mas que reflitam sobre o processo investigativo, de forma a aprenderem com e sobre ele. A procura de justificações matemáticas para as suas conjecturas é uma das formas que ajuda a dar sentido à investigação realizada e que, na medida do possível, não deve ser negligenciada pelo professor.

Numa aula de investigação matemática, tal como em qualquer outra, tudo o que acontece depende em boa medida do professor e dos alunos. O professor precisa conhecer bem os seus alunos e de estabelecer com eles um bom ambiente de aprendizagem para que as investigações possam ser realizadas com sucesso. A exploração antecipada da tarefa e a planificação de como o trabalho irá decorrer na sala de aula, são aspectos a que o professor deve dar detida atenção. No entanto, como referimos, essas aulas caracterizam-se por uma grande margem de imprevisibilidade, exigindo dele uma grande flexibilidade para lidar com as situações novas que, com grande probabilidade, irão surgir.

Capítulo III

Investigações numéricas

O conceito de número ocupa um lugar de destaque na Matemática escolar. Desenvolver o sentido do número, ou seja, adquirir uma compreensão global dos números e das operações e usá-la de modo flexível para analisar situações e desenvolver estratégias úteis para lidar com os números e as operações é um objetivo central da aprendizagem da Matemática. As investigações numéricas contribuem, de modo decisivo, para desenvolver essa compreensão global dos números e operações, bem como capacidades matemáticas importantes como a formulação e teste de conjecturas e a procura de generalizações. Os alunos podem realizar pequenas investigações que conduzem à descoberta de fatos, propriedades e relações entre conjuntos de números. Podem investigar aspectos relacionados com as dízimas, os divisores ou os múltiplos de diferentes números. Podem, ainda, explorar sequências numéricas, descobrindo relações numéricas e apreendendo progressivamente a ideia de variável. Podem, também, estabelecer conexões entre os números e a Geometria.

Neste capítulo, começamos por apresentar uma tarefa de investigação numérica e mostrar o modo como ela foi explorada na sala de aula. Na parte final, apresentamos algumas potencialidades das tarefas numéricas de natureza investigativa.

A mesa de "snooker"

Esta experiência foi realizada por duas professoras[1] que, ao longo de um ano letivo, desenvolveram um projeto centrado na exploração de investigações na aula de Matemática. *A mesa de snooker* (Quadro 3) foi proposta aos 17 alunos de uma turma da 8ª série (12-13 anos) perto do final do ano letivo, numa altura em que já tinham certa experiência em realizar atividades de investigação.

QUADRO 3 - A mesa de *snooker*[2]

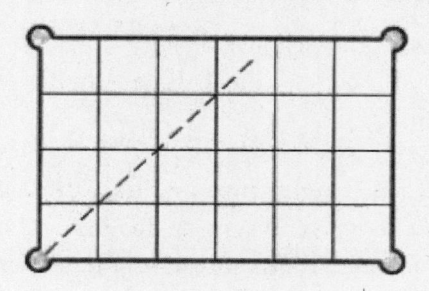

Esta é uma estranha mesa de *snooker*. Tem apenas quatro buracos (nos cantos da mesa) e o tampo está dividido em quadrados todos iguais.

Note que a mesa é retangular. Se tomarmos para unidade o lado de qualquer dos quadrados, podemos dizer que é uma mesa de dimensões 6x4.

Imagine que, como indicado na figura, jogamos a bola de um dos cantos, sem efeito e numa direção que faz um ângulo de 45º com as tabelas. Suponha ainda que a bola só pare quando caia num buraco.

Nessa situação várias podem ser as questões a analisar. Por exemplo:

---

[1] As duas professoras integravam a equipa do projeto MPT. Uma delas, como professora da turma, tinha a seu cargo a condução geral das aulas. A outra participava, sobretudo, no apoio ao trabalho em pequenos grupos.

[2] Esta tarefa e as que se apresentam mais adiante foram desenvolvidas pela equipa do projeto MPT – *Matemática para todos*.

- quantos quadrados é que a bola vai atravessar?
- quantas vezes vai a bola bater nas tabelas?
(Nota: conta como "batida" a entrada da bola num buraco)

Procure realizar uma investigação que permita responder às questões anteriores.

Para isso deverá investigar que relação tem a dimensão da mesa com aquilo que acontece à bola. Por exemplo: se pensarmos numa mesa com determinadas dimensões podemos, de imediato, saber o número de quadrados que a bola atravessa e o número de vezes que a bola vai bater?

Comece por analisar o caso da mesa 6x4 e depois faça as experiências que considerar necessárias com mesas de outras dimensões.

Que outros aspectos poderia investigar?

Para explorarem essa tarefa, os alunos trabalharam em pequenos grupos. No entanto, foi-lhes pedido que elaborassem um relatório escrito individual que deviam entregar no prazo de uma semana. A exploração e a discussão dessa tarefa ocuparam duas aulas, uma de 100 minutos e outra de 50.

A professora não fez qualquer comentário de introdução da tarefa. Os alunos, depois de receberem o enunciado, começaram por lê-lo atentamente notando-se que essa atitude correspondia a certa compreensão da importância de perceber globalmente a tarefa antes de começar a trabalhar. Como dizia uma aluna, Cristina: "É melhor a gente começar por ler tudo para perceber o que temos de fazer".

Os alunos iniciaram a exploração da tarefa com um grande entusiasmo. Depois de lerem o enunciado começaram uma animada discussão sobre os aspectos que iam observando e os dados que deviam ir recolhendo. Todos participavam e ninguém solicitava a ajuda das professoras.

O foco da investigação foi claramente entendido pelos alunos. Depois de contarem, no caso da mesa 6x4, o número de quadrados que a bola atravessava e o número de "batidas", começaram a investigar o que se passava em mesas com outras dimensões. Alguns grupos organizaram-se de modo a recolher dados mais rapidamente. Assim, enquanto uns alunos analisavam um tipo de mesa, outros viam o que se passava com outras mesas. Após a recolha de um primeiro conjunto de dados, a formulação de uma conjectura baseada na análise de uma mesa particular era refutada rapidamente uma vez que ela não se verificava numa mesa diferente.

Vejamos mais de perto como foi vivida essa fase do trabalho pelo grupo composto por Eva, João e Tita. Após analisarem vários tipos de mesa, João e Tita começaram a desanimar:

Tita: A gente vai ver mais mesas, mas cada vez isso fica mais complicado. Ainda fica mais difícil de descobrir uma relação que dê. [...]
João: É pá. Isto não dá. Cada vez é pior. Dá para umas, mas depois na outra falha logo.

Mas Eva continuava entusiasmada com a investigação e não desistia de descobrir uma relação que pudesse ser válida em qualquer tipo de mesa: "Ainda temos que desenhar muitas mesas. Podíamos ver se eles ali fizeram outras diferentes de nós. Vânia (uma aluna de outro grupo), já fizeram a mesa 7x3?". A essa pergunta de Eva seguiu-se uma animada troca de dados entre três dos grupos. No entanto, após algumas tentativas, ainda não conseguiam formular uma conjectura que resistisse a sucessivos testes.

Eva: E se nós dividirmos as mesas por grupos diferentes?
João: Ahh? O quê?
Eva: Então se em vez de vermos todas ao mesmo tempo fôssemos ver por casos diferentes. Por exemplo... Vermos as mesas em que um lado é 7.
Tita: Mas aqui pede para qualquer mesa.
Eva: Sim, mas pode ser que assim a gente consiga ter alguma ideia. Podemos tentar.

Na sequência dessa sugestão, o grupo envolve-se numa fase de trabalho em que os dados são agrupados tendo em conta determinadas características. Depois, procuram formular conjecturas válidas para cada um dos grupos de mesas que tinham considerado. Esse tipo de exploração foi descrita com bastante detalhe no relatório elaborado por Eva:

No caso do 7, o número de quadrados que passa é em alguns casos o produto da medida das mesas:

7 x 2	14
7 x 4	28
7 x 6	42
7 x 8	56
7 x 10	70

...Mas só dava em alguns casos.

- Por exemplo, nos retângulos, cujas medidas da largura e do comprimento são o dobro, o número de quadrados que atravessa e o número de batidas é também o dobro.

6 x 7	42	6
12 x 14	84	12
24 x 28	68	24

- Mas, por exemplo, no caso do 3x4, 6x8 e 12x16, não acontece o mesmo:

3 x 4	12	6
6 x 8	24	6
12 x 16	48	6

- Acontece com o número de quadrados que atravessa, mas não com o número de batidas.

- Outra conclusão a que chegamos foi no caso dos pares seguintes:

8 x 6	24	6
10 x 8	40	8
12 x 10	60	10
14 x 12	84	12
16 x 14	112	14
18 x 16	144	16

- Que o número de quadrados que atravessa é o produto das medidas dos lados a dividir por dois, e o número de batidas era igual ao número menor das medidas dos retângulos.

Essa tentativa de agrupar os dados a partir de características comuns das dimensões das mesas não conduziu ao que os alunos procuravam – uma generalização válida para todo o tipo de mesa. No entanto, formularam e testaram conjecturas, procuraram contraexemplos e foram aprofundando a compreensão da situação que estavam a explorar.

De um modo geral, todos os grupos passaram por um processo semelhante. Todos tinham bem claro a ideia de que deviam procurar relações válidas para todo o tipo de mesa. Estabeleciam conjecturas que testavam exaustivamente e tiravam conclusões sobre o tipo de mesa em que elas pareciam ser válidas.

A explicitação das tentativas feitas e dos casos em que eram ou não válidas conduziu, progressivamente, à descoberta de uma relação válida em todos os casos. Em muitas ocasiões, uma pequena sugestão das professoras foi suficiente para que os alunos conseguissem chegar a uma generalização:

Rita: Não sei como é que vai dar para todos. A gente multiplica, mas umas vezes dá logo, noutras temos que dividir por 2, noutras por 3. Depende.
Professora: *Sim. E acha que depende de quê?*
Rita: Não sei... Temos de ir ver.
Professora: *Então tentem lá ver os vários casos que têm.*

Na sequência desse diálogo, Rita sugere aos colegas fazer uma tabela organizada de uma maneira diferente das que haviam feito até essa altura. No seu relatório, refere-se a essa fase do seguinte modo:

Para descobrir como achar o número de quadrados percorridos, organizamos os números numa tabela que dizia por quanto tínhamos de dividir os lados após os termos multiplicado:

: 1	: 2	: 3	: 4	: 5
7 x 4	4 x 2	6 x 9	24 x 20	5 x 15
7 x 8	12 x 10			10 x 5
7 x 6				
5 x 7				

A partir dessa organização, os alunos percebem que têm de dividir o produto das dimensões das mesas pelo máximo divisor comum entre elas e concluem que $\frac{m \times n}{mdc\,(m,n)(m,n)}$ representa o número de quadrados que a bola atravessa numa mesa $m \times n$.

Essa conclusão, a que também foram chegando os outros grupos, surpreendeu um pouco as professoras. De fato, ao prepararem a tarefa, estavam à espera que os alunos fossem progressivamente relacionando o número de quadrados percorridos pela bola de *snooker* com o menor múltiplo comum entre as dimensões da mesa. No entanto, tendo em conta o modo como os alunos começaram a analisar os dados recolhidos, concluíram que foi mais "natural" que tivessem chegado à expressão $\frac{m \times n}{mdc\,(m,n)(m,n)}$. Desde o início que os alunos experimentavam expressões em que usavam uma ou várias das operações elementares para chegar a uma expressão geral e a ideia do máximo divisor comum, só surgiu uma vez que concretizava uma relação que parecia prometedora.

Com base nessa descoberta, os alunos chegaram facilmente à expressão que representava o número de "batidas" da bola. Para as mesas em que dividiam o produto das dimensões por 1 (7 x 4, 7 x 8, 3 x 2, ...), os alunos já haviam descoberto que a expressão $m+n-1$ funcionava. Só que agora percebiam que o que tinham de especial essas mesas era o fato de o máximo divisor comum entre m e n ser 1 (a noção de que isso queria dizer que os números eram primos entre si foi surgindo, embora com alguma ajuda da professora). A partir daqui, começaram a testar expressões em que surgia o máximo divisor comum e chegaram facilmente à expressão $\frac{m \times n}{mdc\,(m,n)(m,n)}-1$

Relativamente à demonstração das expressões descobertas, a professora havia referido que, nesse caso, ela era complexa e não se deviam preocupar com ela. No entanto, várias intervenções dos alunos mostram que na fase final do ano letivo, quando a tarefa se realizou, já estava perfeitamente interiorizada a noção de que uma conjectura só assume o papel de conclusão válida para todos os casos a partir do momento em que é demonstrada:

Eva: Aqui já sabemos que dá. Quer dizer, como não provamos, só podemos dizer que achamos que dá. Isto continua a ser uma conjectura que deve ser mesmo verdade.
Marta: Já sabemos como é para estas mesas aqui.
Lino: Isto ainda é uma conjectura.
Vânia: Sim, só que nos casos que temos dá.
Cristina: É daquelas que a professora diz que temos quase a certeza.

A fase de discussão da tarefa foi relativamente breve. Os alunos analisaram muitos tipos de mesa, fizeram bastantes experiências procurando relacionar os dados e todos haviam chegado a expressões que pareciam válidas para qualquer mesa retangular. Por isso, a professora aproveitou uma parte do tempo destinado a essa fase para introduzir duas ideias. Uma primeira decorreu da descoberta da expressão $\dfrac{m+n}{mdc\,(m,n)}$ para representar o número de quadrados que a bola de snooker atravessa e consistiu em chegar à relação $mmc\,(n)=\dfrac{m \times n}{mdc\,(m,n)}$ Uma segunda ideia consistiu em incentivar os alunos a formularem outras questões que pudessem investigar. No entanto, a aula estava a terminando e isso não pareceu despertar grande curiosidade aos alunos. Mesmo assim, a professora ainda conseguiu conduzir um diálogo que perspectivava outra questão que podia ser investigada: descobrir, tendo em conta as dimensões da mesa, o buraco em que sai a bola.

O balanço final relativamente à exploração dessa tarefa foi bastante positivo. As professoras concordavam que os alunos haviam conseguido usar um raciocínio matemático que envolvia a organização sistemática de dados, a formulação de conjecturas e a realização de um número considerável de testes. Por outro lado, os alunos mostraram ter sempre presente o foco da investigação – descobrir uma forma de saber, numa mesa qualquer, o número de "batidas" e o número de quadrados que a bola atravessa – e perceber a diferença entre uma conjectura válida para muitos casos e uma conclusão válida para todos. Finalmente, as professoras analisaram o caminho seguido para encontrar a expressão geral que representava o número de quadrados que a bola de *snooker* atravessa. Ao preparar essa tarefa, haviam previsto relacionar os dados recolhidos com o menor múltiplo comum. No entanto, as tentativas dos alunos, muito centradas na análise do produto das dimensões das mesas, conduziu-os a outra relação. A oportunidade de explorar, com base no trabalho realizado pelos alunos, a relação entre o mmc e mdc foi considerada como uma potencialidade interessante dessa tarefa e que inicialmente não haviam previsto.

As investigações numéricas no ensino da Matemática

Números e operações são um dos temas da Matemática que assumem, desde o início da escolaridade, uma importância central. Hoje, um pouco por todo o mundo, perspectivam-se opções curriculares que, em vez de se centrarem na memorização e aplicação de técnicas de cálculo, dão ênfase à apropriação de aspectos essenciais dos números e suas relações. Os alunos devem desenvolver competências numéricas que lhes permitam avaliar se a resposta a uma situação problemática requer um valor exato ou aproximando. Além disso, devem saber estimar o resultado aproximado de uma operação e resolvê-la, de acordo com a complexidade dos valores em causa e das operações, usando o cálculo mental, os algoritmos de papel e lápis ou a calculadora. Devem também conhecer, perceber e saber usar relações entre os números e desenvolver uma compreensão dos diferentes conjuntos numéricos.

As investigações numéricas contribuem, de modo decisivo, para prosseguir essas novas orientações curriculares. Desde muito cedo, podem ser propostas tarefas em que os alunos são convidados a analisar padrões e regularidades envolvendo números e operações elementares. A tarefa *Outro olhar sobre a tabuada* (Quadro 4) é um exemplo dessa potencialidade das investigações.

QUADRO 4 - Outro olhar sobre a tabuada

1. Construa a tabuada do 3. O que encontra de curioso nesta tabuada? Prolongue-a calculando 11x 3, 12 x 3, 13 x 3 ... e formule algumas conjecturas.

2. Investigue agora o que acontece na tabuada do 9 e do 11.

Os alunos de uma turma da 5ª série (10-11 anos), depois de explorarem essa tarefa, chegaram a conclusões como:

- Quando se multiplica 3 por um número ímpar, dá um número ímpar; quando se multiplica por um par, dá um número par. O produto termina sempre em número par, ímpar, par, ímpar; as unidades no produto repetem-se sempre pela mesma ordem... Repetem-se de 10 em 10; cada repetição tem os 10 algarismos.

- Na tabuada do 11 até 11x 9, no produto, o algarismo das unidades é igual ao algarismo das dezenas. O algarismo das unidades, no produto, repete-se de 0 até 9, consecutivamente. O das dezenas também se repete, mas salta um algarismo de 10 em 10. O algarismo das centenas aumenta uma unidade de 9 em 9.

Esse tipo de tarefa, para além de poder ser uma boa maneira de iniciar os alunos nas atividades de investigação, permite desenvolver conhecimentos importantes acerca dos números e levá-los a formular questões que decorrem das explorações que vão fazendo. Por exemplo, depois de constatarem que o produto de um número ímpar por um número par é sempre par, podem surgir interrogações como: o que se passa com a soma de um número par com um ímpar? Por outro lado, essas tarefas também podem constituir um contexto interessante para o estudo dos múltiplos e dos critérios de divisibilidade: a tabuada do 5 pode levar à conjectura de que todos os múltiplos de 5 terminam em 0 ou 5 e levar os alunos a perceberem que, para ver se um número é divisível por 5, basta verificar se ele termina em 0 ou 5.

Outra potencialidade das investigações numéricas é a de proporcionarem o estabelecimento de conexões matemáticas. Muitas investigações numéricas promovem a compreensão de relações entre padrões numéricos e geométricos bem como a utilização de conceitos geométricos para simplificar a recolha de dados e facilitar a compreensão de determinadas relações numéricas. Um exemplo bastante sugestivo é o da análise da sequência dos quadrados perfeitos:

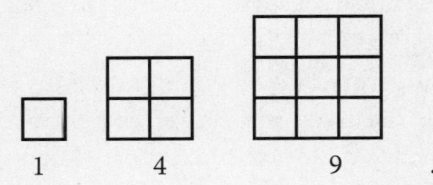

Ao prolongar e analisar essa sequência, os alunos apercebem-se que $4 = 1 + 3, 9 = 4 + 5, 16 = 9 + 7$... e visualizam por que para obter um quadrado de lado $n + 1$, é necessário adicionar o número ímpar $2n + 1$, dando sentido geométrico à relação $(n + 1)^2 = n^2 + 2n + 1$.

A tarefa *Quadrados em quadrados* (Quadro 5) é outro exemplo em que é feito apelo ao estabelecimento de conexões entre a Geometria e os Números.

QUADRO 5 - Quadrados em quadrados

Num quadrado podem-se inscrever outros quadrados. De entre estes, considera aqueles cujos vértices são pontos de interseção das quadrículas com os lados do quadrado inicial.

Na figura, você pode observar um quadrado 3 x 3, com um quadrado inscrito, nas condições descritas atrás.

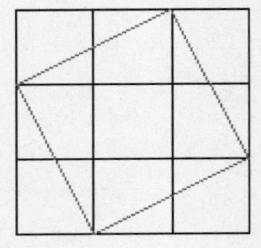

> 1. Num quadrado como este, quantos quadrados nestas condições poderá inscrever? E em quadrados 4 x 4? E 5 x 5?
>
> 2. Com base nos quadrados que já desenhou e alargando o seu estudo a quadrados com dimensões diferentes, investigue possíveis relações entre os quadrados inscritos e o quadrado inicial.

A análise da pergunta 2 originou, numa turma da 8ª série, uma interessante discussão sobre a relação entre a área do quadrado inicial e as dos quadrados inscritos. Numa primeira fase, os alunos conjecturaram sobre as áreas dos quadrados inscritos num mesmo quadrado, observando os desenhos que haviam feito. A conjectura de que eram todas iguais foi rapidamente refutada e começaram a aparecer propostas respeitantes a outras relações, sugeridas a partir da análise dos quadrados inscritos no quadrado 4 x 4:

Cristina: Professora, à medida que se vai afastando vai crescendo.

Tita: Sim

Professora (dirigindo-se à Tita): *Então no 4 x 4 diga-me lá qual é que você diz que é maior do que qual.*

Tita: Aaah o que fica no primeiro vértice.

Cristina: Pois, é isso.

Lino: Pois é.

Tita: Depois, o que ficou no segundo é menor e o que ficou no terceiro é...

Lino: Igual ao primeiro.

Professora: É?

Cristina: Sim, é igual ao primeiro.

Marta: Eles são iguais dois a dois.

Vitória (apontando para o quadrado 5 x 5): Acho que o primeiro é igual ao segundo.

Cristina: O primeiro é igual ao último, o segundo é igual ao terceiro.

Lino: São iguais... Aqueles dois e aqueles dois. Porque são eles ao contrário.

Professora: *O primeiro e o último são iguais. Tem certeza?*
Tita: Sim.
Sara: Eu acho que são iguais porque eles parecem que são simétricos.

No entanto, era necessário aprofundar a descoberta de relações entre a área dos quadrados. Por isso, os alunos calcularam as áreas dos quadrados inscritos e usaram a simetria que haviam identificado para reduzir o número de dados que tinham de recolher. Esse trabalho conduziu à organização de uma tabela como a seguinte, que eles próprios foram preenchendo.

Lado	Número de quadrados inscritos	1º	2º	3º	4º
2	1	2			
3	2	5	5		
4	3	10	8	10	
5	4	17	13	13	17

A análise dessa tabela permitiu formular conjecturas sobre as linhas seguintes, com base na identificação de um padrão por coluna: somar 3, somar 5, somar 7... A passagem de tal processo recursivo para a procura de uma expressão geral que não implicasse o cálculo dos valores de uma linha para saber os valores da linha seguinte demorou mais tempo. A expressão geral para a área dos quadrados inscritos decorreu, após algum tempo em que os alunos fizeram várias tentativas, de uma proposta de Sara: "Professora, eu acho que é como 4, por exemplo, 4 x 4 são 16, mais 1, 17; 5 x 5 são 25, mais 1, 26; 6 x 6 são 36, mais 1, 37 [...] n – 1 ao quadrado mais 1". Surgiram também conjecturas para as expressões gerais das áreas dos quadrados inscritos nas posições 2 e 3. No entanto, a generalização para todos os casos – no quadrado $n \times n$, a área do quadrado inscrito na posição m é $(n - m)^2 + m^2$ – foi proposta pela professora. Mas a compreensão do que ela significava do ponto de vista geométrico, para além de dar sentido à expressão proposta, permitiu organizar uma demonstração que validava a conjectura feita.

O caminho foi o seguinte. Com base na construção da figura abaixo indicada onde se inscreveu, num quadrado inicial de lado n, um quadrado na posição m, os alunos começaram a ver o modo de validar a conjectura formulada. Assim, para determinar a área do quadrado inscrito na posição m, perceberam que podiam usar o fato que o seu lado corresponde à hipotenusa de um triângulo retângulo cujos catetos são m e $n - m$. Usando o teorema de Pitágoras, chegaram então à expressão $(n - m)^2 + m^2$.

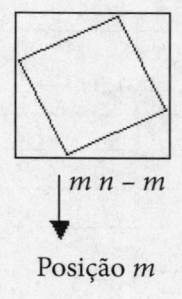

$m \; n - m$

Posição m

Para compreender os aspectos essenciais da Álgebra, é importante todo um percurso em que os alunos têm contato com um grande número de experiências algébricas informais que envolvem a análise de padrões e relações numéricas e a sua representação e generalização por meio de diferentes processos. Essa potencialidade tem sido evidenciada nas tarefas que temos discutido. De fato, o desafio lançado pela generalização de um padrão numérico e a compreensão do que traduz essa generalização constituem aspectos que muitas vezes estão envolvidos nas investigações numéricas e que apoiam o desenvolvimento do raciocínio algébrico.

O campo dos números também é propício à concepção de tarefas de investigação em que os alunos contatam com aspectos da história da Matemática. No exemplo que apresentamos, *Das potências de 2...* (Quadro 6), o método subjacente à construção do quadro permite obter as potências de n (número natural) a partir das potências de n – 1.

QUADRO 6 - Das potências de 2...

1. Vamos explorar algumas ideias que foram desenvolvidas pelo matemático Nicómano de Gerasa, no século I da nossa era.[3] Repare que o quadro seguinte foi preenchido parcialmente, segundo determinadas regras, tendo como ponto de partida as potências de 2. Observe-o, com atenção, para perceber como foram efetuados os cálculos e, em seguida, complete-o.

1	2	2^2	2^3	2^4	2^5	2^6
	$2+\frac{2}{2}=3$	$4+\frac{4}{2}=6$	$8+\frac{8}{2}=12$			
		$6+\frac{6}{2}=9$	$12+\frac{12}{2}=18$			
			$18+\frac{18}{2}=27$			

● Tente encontrar algumas regularidades entre os números que figuram: em cada linha; em cada coluna; nas diagonais.

● Na coluna que começa em 2^{10}, qual será o último número? E na coluna de 2^{20}?

2. Que conjecturas poderá fazer sobre um quadrado semelhante ao anterior que comece com as potências de 3? E sobre um quadro começando com as potências de 4? E sobre outros quadrados?

Os alunos, ao explorarem as regularidades sugeridas pelo quadro, estão também tomando contato com o método usado por um matemático para escrever as potências de um número natural. Aos processos e conhecimentos matemáticos que podem ser desenvolvidos

---

[3] Nicómaco de Gerasa (cidade perto de Jerusalém) nasceu cerca do ano de 100 dC. Os alunos interessados poderão pesquisar informação sobre esse matemático na Internet.

a partir dessa tarefa alia-se uma ligação a aspectos da história da Matemática que são importantes na formação matemática dos alunos.

Nos exemplos que apresentamos ao longo deste capítulo, chamamos a atenção que as investigações numéricas contribuem para desenvolver conceitos importantes. Realizando investigações, os alunos podem desenvolver competências numéricas indispensáveis no mundo de hoje. Eles precisam saber identificar, compreender e saber usar os números, as operações com os números e as relações numéricas. Os alunos precisam saber interpretar criticamente o modo como os números são usados na vida de todos os dias e a escola deve procurar desenvolver esse tipo de competência.

Capítulo IV

Investigações geométricas

A Geometria é particularmente propícia, desde os primeiros anos de escolaridade, a um ensino fortemente baseado na exploração de situações de natureza exploratória e investigativa. É possível conceber tarefas adequadas a diferentes níveis de desenvolvimento e que requerem um número reduzido de pré-requisitos. No entanto, a sua exploração pode contribuir para uma compreensão de fatos e relações geométricas que vai muito além da simples memorização e utilização de técnicas para resolver exercícios-tipo.

As investigações geométricas contribuem para perceber aspectos essenciais da atividade matemática, tais como a formulação e teste de conjecturas e a procura e demonstração de generalizações. A exploração de diferentes tipos de investigação geométrica pode também contribuir para concretizar a relação entre situações da realidade e situações matemáticas, desenvolver capacidades, tais como a visualização espacial e o uso de diferentes formas de representação, evidenciar conexões matemáticas e ilustrar aspectos interessantes da história e da evolução da Matemática.

Os exemplos que a seguir se apresentam procuram esclarecer algumas dessas ideias e evidenciar a pertinência da inclusão das investigações geométricas no currículo de Matemática. Começamos por apresentar uma tarefa de investigação e mostrar como ela foi explorada na aula. Em seguida, apresentamos uma discussão em torno de vários exemplos de tarefas de natureza investigativa em Geometria.

Dobragens e cortes

Dobragens e cortes[1] (Quadro 7) foi a terceira tarefa de investigação proposta aos 17 alunos de uma turma da 8ª série (12-13 anos) e, tal como as duas primeiras, foi explorada em pequenos grupos de 3-4 alunos. Cada grupo dispunha de várias tesouras e de um conjunto de revistas cujas folhas podia arrancar de modo a poder realizar as dobragens e os cortes necessários para a exploração da tarefa.

QUADRO 7 - Dobragens e cortes

> Por certo que na sua infância, na escola ou com amigos, você se entreteve a fazer cortes em papel e a brincar com os desenhos que obtinha.
>
> Para explorar essa tarefa, vai precisar de uma tesoura e de muito papel!
>
> A - Uma dobragem e dois cortes
>
> 1. Numa folha de papel dobrada ao meio, corte triângulos equiláteros, isósceles e escalenos. Pegue nos pedaços de papel que obteve, desdobre-os e diga quais as formas geométricas que têm.
>
>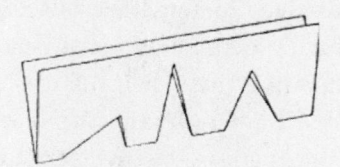
>
> 2. Com apenas dois cortes, e se quiser obter triângulos equiláteros, isósceles e escalenos na folha de papel, que cortes deve fazer?

---

[1] Esta tarefa, tal como as restantes referidas neste capítulo, foi desenvolvida pela equipa do projeto MPT – *Matemática para todos*. O relato que aqui se apresenta diz respeito a um projeto centrado na exploração de investigações na aula de Matemática, já referido no capítulo anterior.

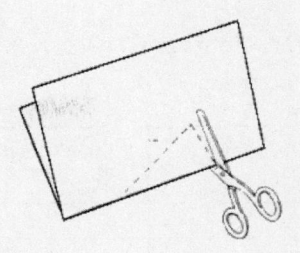

Desenhe um esboço que mostre os cortes que fez e comente as suas descobertas.

B – Mais dobragens e um só corte

Vai agora investigar o que acontece quando faz mais do que uma dobragem mantendo ajustados os lados da folha de papel.

1. Com duas dobragens e um corte, que tipo de figura obtém?

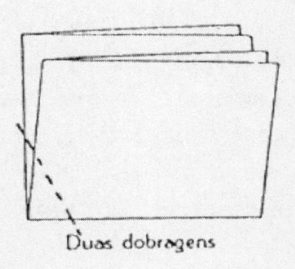

Duas dobragens

De que maneira consegue obter um quadrado?

2. Agora com três dobragens, como mostra a figura abaixo, experimente fazer a mesma investigação.

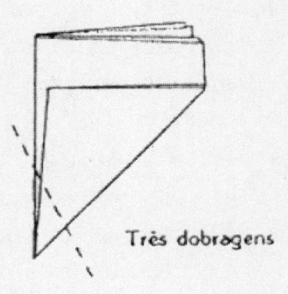

Três dobragens

De que maneira consegue obter um quadrado?

3. E com quatro dobragens?

4. Preencha a tabela:

nº de dobragens	nº máximo de lados
2	
3	
4	
5	

Explique a relação entre o número de dobragens e o número máximo de lados da figura.

A exploração e a discussão dessa tarefa ocuparam duas aulas: uma de 100 minutos e outra de 50 minutos. Foi previsto que o relatório escrito[2] sobre a atividade empreendida deveria ser elaborado fora da aula e foi pedido aos alunos para combinar com os seus colegas de grupo a ocasião em que se deviam reunir para o efeito.

Quando essa tarefa foi proposta (na 3ª semana de aulas), os alunos tinham ainda pouca experiência de trabalho na realização de investigações. No entanto, começava a notar-se certo esforço para não pedir sistematicamente auxílio à professora e procurar discutir as dúvidas e as decisões com os seus colegas de grupo.

Depois de distribuídas pelos grupos as fichas de trabalho, tesouras e revistas, a professora incentivou os alunos a ler com atenção o enunciado da tarefa e a trabalhar cooperativamente. No entanto, os alunos demoraram algum tempo a concentrar-se no trabalho: referiam o fato, que achavam estranho, de usar tesouras, e folheavam as revistas comentando um ou outro artigo. Embora nessa fase inicial se tenha observado algum dispêndio desnecessário de tempo, quando os alunos começaram a se concentrar no trabalho pareciam estar entusiasmados com a perspectiva de poder usar esses tipos de material pouco usuais. De fato, foi com visível entusiasmo que começaram a explorar a tarefa passando a arrancar, dobrar e cortar as

---

[2] A elaboração de relatórios será discutida em detalhe no Capítulo 6.

folhas das revistas, sem que ninguém prestasse atenção às notícias nelas impressas.

Parte A – *Uma dobragem e dois cortes*

A primeira questão da ficha não explicita a necessidade de fazer certa exploração de vários casos dentro de cada tipo de triângulo, uma vez que o seu principal objetivo é ajudar a perceber o tipo de trabalho que os alunos devem realizar. Por isso, tinha-se decidido dar liberdade aos alunos para explorarem o mais autonomamente possível essa primeira questão. Tinha-se também previsto a possibilidade de levantar algumas questões que os ajudassem a completar o trabalho realizado, mas só depois desses terem terminado a exploração dessa parte da tarefa.

Os alunos começaram a dobrar folhas e a recortar os vários tipos de triângulo sem dificuldade. De uma forma geral, cortaram apenas um triângulo de cada tipo e chegaram a uma conclusão idêntica à registrada por um dos grupos:

> Cortamos todos os tipos de triângulo, e, à medida que os fomos cortando, fomos obtendo diversos quadriláteros.
> Por exemplo:
> Com o triângulo isósceles e o equilátero obtivemos [...] losangos.
> Com o triângulo escaleno, obtivemos um papagaio.[3]

A segunda questão levantou algumas dificuldades iniciais: na pergunta anterior ninguém havia cortado um triângulo retângulo e, por isso, estavam convencidos de que obtinham sempre quadriláteros. Demoraram algum tempo a realizar várias tentativas e alguns grupos só conseguiram descobrir o tipo de corte que deveriam fazer, depois de a professora lhes fazer notar que eles tendiam a cortar apenas triângulos acutângulos. No entanto, quando perceberam que um dos cortes devia ser perpendicular à folha de papel, rapidamente começaram à procura dos tipos de triângulo pedidos.

---

[3] Na aula usava-se o termo *quite*.

Nessa fase os alunos desenvolveram um trabalho caracterizado pela realização de várias tentativas que davam por terminadas a partir do momento em que conseguiam uma resposta. Se uma experiência lhes permitia, por exemplo, obter um triângulo isósceles, faziam o esboço do corte que haviam realizado e começavam a efetuar novas tentativas para obter os outros tipos de triângulo pedidos. Assim, a sua conclusão de que não era possível obter um triângulo escaleno decorria da constatação de que nenhuma das tentativas realizadas lhes permitia obter esse tipo de triângulo. Também, o modo como era possível obter um triângulo equilátero era descrito a partir de um exemplo particular em que o tinham conseguido obter.

Procurando que os alunos conseguissem começar a recolher os dados e a testar as suas conjecturas de um modo mais sistemático, a professora da turma sentiu necessidade de fazer uma intervenção oral em que questionava a conclusão dos alunos relativamente à pergunta 1, segundo a qual se obtinham sempre quadriláteros. Insistiu também na importância de estudar exaustivamente cada caso e de não poderem assumir como geral o resultado de uma experiência.

A partir dessa intervenção, os alunos começaram a organizar um trabalho mais sistemático. Retomaram a pergunta 1 e procuraram cortar triângulos que ainda não haviam estudado. Embora ainda sem se preocupar com a procura de argumentos que validassem as suas conclusões, a maioria dos alunos conseguiu identificar o tipo de triângulo que lhe permitia obter quadrados, losangos, triângulos e papagaios côncavos ou convexos.

A validação das suas conjecturas continuava muito ligada à análise dos casos que haviam estudado. No entanto, sobretudo a partir do momento em que eram diretamente questionados pelas professoras, alguns alunos começaram a perceber como podiam pensar de modo a justificar as conjecturas que haviam resistido a sucessivos testes:

Tita: Quando se corta um triângulo isósceles obtém-se um losango, quando se corta um escaleno tem-se um papagaio.

Professora: *Por quê?*

Tita: (pegando numa bolsa transparente onde têm todas as figuras recortadas e onde escreveram a pergunta e a situação a que correspondia cada recorte) Temos que procurar aqui a figura ... (pegando no recorte de um losango) ... cortamos um triângulo isósceles e deu este losango.

Professora: *Sim, mas por quê?*

João: Então, foi o que deu em todos que fizemos.

Eva: (pegando no recorte) Esperem (olha para o recorte e dobra-o segundo o vinco de dobragem) quando estes dois lados são iguais também os outros por trás ficam iguais. Os quatro lados são iguais, por isso dá sempre um losango.

Nessa fase, para alguns grupos, foi importante uma troca de impressões com as professoras. No entanto, quando retomaram a exploração da pergunta 2, já revelaram alguma preocupação em precisar as características dos cortes que deviam fazer e em justificar a impossibilidade de obter triângulos escalenos. A parte do relatório de um dos grupos, referente a essa questão, ilustra esse tipo de preocupação.

Se quiséssemos obter triângulos isósceles, devíamos fazer os seguintes cortes:

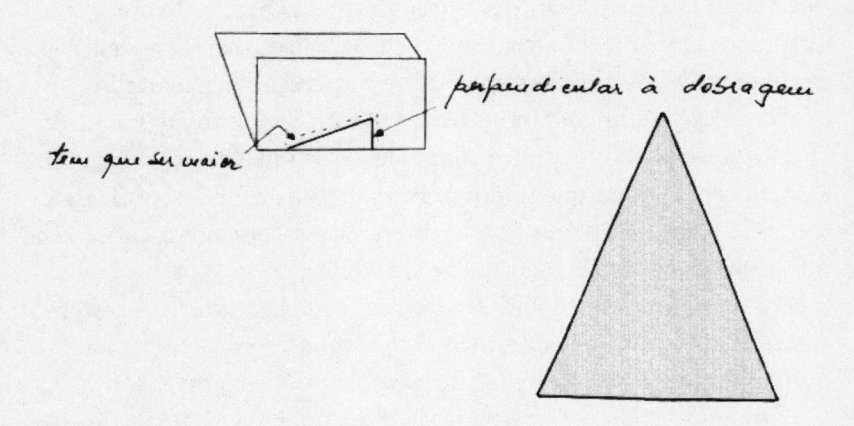

E se quiséssemos obter triângulos equiláteros:

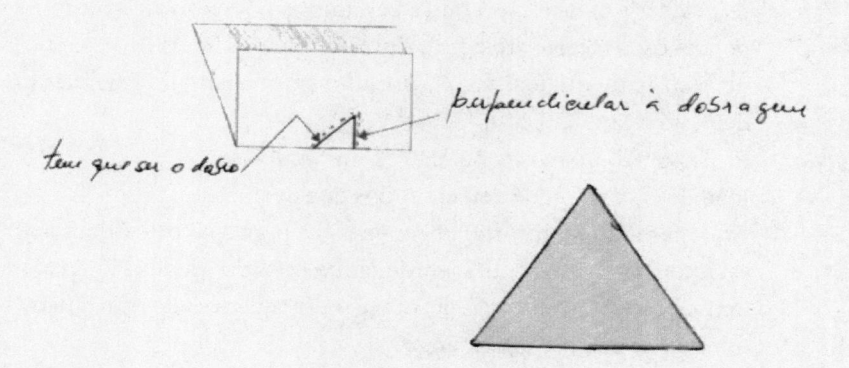

Em relação ao triângulo escaleno, não o conseguimos obter em virtude de seus lados serem todos diferentes, e ao cortar de um lado já ficaria igual ao outro, uma vez que a dobragem serve como eixo de simetria.

Parte B – *Mais dobragens e um só corte*

Ao explorarem essa parte da tarefa, os alunos começaram a fazer um número maior de testes procurando verificar, com base na análise de mais casos, as suas conjecturas. No entanto, logo na primeira questão, o fato de procurarem descobrir uma forma de obter um quadrado, terá também incentivado a realização de mais experiências. Embora no enunciado se afirme que é possível obter quadrados, ao procurarem obtê-los, os alunos realizaram uma série de experiências. De fato, apenas o corte que faz com os lados da folha de papel ângulos de 45° permite obter quadrados e, antes de conseguir descobrir isso, a grande maioria dos alunos teve de realizar cortes com inclinações diferentes e analisar as figuras que ia obtendo.

Para preencher a tabela da pergunta 4, os alunos recorreram aos resultados obtidos anteriormente. A questão de experimentar ou não fazer cinco dobragens de modo a poder completar a última linha da tabela foi abordada de duas formas. Alguns grupos, ao perceberem que era difícil dobrar cinco vezes a folha de papel, chamaram a professora. Só a partir do momento em que essa os incentivou a olhar para os resultados já obtidos e para o que significava dobrar sucessivamente a folha, é que começaram a pensar sem concretizar o corte com 5 dobragens. Outros grupos, como o de Eva, verificaram que não era necessário realizar a experiência com 5 dobragens.

Eva: 4, 8, 16, 32, é 32.

João: Ih! 32. Como é que sabe?

Eva: Sim, 16 mais 16 dá 32.

Tita: Eu acho que não são 32. É melhor fazermos a dobragem.

João: É. Então olhe lá, 4 mais 4 são 8, 8 mais 8 são 16, 16 mais 16 são 32.

Tita: Ah! Tá bem.

João: Pensa... Puxa pela cabeça.

Tita: João não seja tolo... Estava pensando doutra maneira (lendo): "explica a relação entre o número de dobragens e o número máximo de lados da figura".

João: A relação é quando temos 2 dá 4, quando temos 4 dá 8.

Tita: Não... Assim não pode ser.

Eva: Sim, tem de ser assim. Espere, deixa ver 8 (dobra uma folha que tem na mão)... Já sei. É que quando a gente dobra outra vez acrescenta o mesmo número de lados. Vê aqui? Está assim com três dobragens que vai dar 8. Agora se dobra outra vez e esta parte aqui vai dar mais 8. Temos duas partes iguais por isso vamos multiplicando por 2.

Todos os alunos da turma conseguiram chegar a esse tipo de explicação relativamente à relação existente entre o número de dobragens e o número máximo de lados da figura. O desafio, entretanto lançado pela professora, de pensar numa relação em que não se tornasse necessário recorrer a todas as dobragens anteriores, mostrou-se mais difícil para alguns alunos. Especialmente complicado foi passar de uma forma de relacionar os valores da tabela de uma linha para outra (processo recursivo que haviam conseguido identificar e justificar) para uma forma de relacioná-los por linha. No entanto, após várias tentativas e com maior ou menor apoio da professora, eles conseguiram chegar à generalização de que para n dobragens se terá 2^n lados. O grupo da Eva foi a exceção uma vez que conseguiu fazê-lo de um modo completamente autônomo:

> João (duplicando o primeiro valor de cada linha e comparando com o segundo valor): Espere lá, tive uma ideia... 3 mais 3 são 6, faltam 2, 4 mais 4 são 8, faltam 8, isto também não dá.
>
> Tita: Isto aqui é um bocado difícil. Então, quando aumenta o número de dobragens, multiplicamos por 2 o número máximo de lados. Isto já é uma relação.
>
> Eva: Sim, mas não é bem o que nos pediam porque assim temos de fazer todos. Para saber o número de lados com que ficamos com 10 dobragens, temos de fazer a tabela toda até lá.
>
> Eva: 2 vezes 2 são 4, 3 vezes 3 são 9, mas lá temos 8. Não dá.
>
> João: 4 vezes dois, não.
>
> Eva: Estes números aqui... 2 vezes 2 são 4. O 8 ...
>
> Tita: É 4 vezes 2. Isso já sabíamos que era multiplicar por 2.
>
> Eva: Sim, mas podemos escrever 2 vezes 2 vezes 2 que dá 8, o 2 dá o número de dobragens.
>
> João: O quê?
>
> Eva: Com 3 dobragens, é 2 vezes 2 vezes 2. Agora 2 vezes 2 vezes 2 vezes 2 dá o de quatro dobragens.
>
> João: Ih pá, já está. Já sabemos.
>
> Eva: Com 10 dobragens é 2 vezes 2 vezes 2, dez vezes.

Depois da exploração da tarefa em pequenos grupos, a professora coordenou uma discussão das descobertas dos alunos de modo a que todos tivessem oportunidade de intervir. Depois de um grupo explicar o modo como havia explorado determinada questão, os outros eram solicitados a analisar o que havia sido explicitado e a acrescentar novos aspectos. Paralelamente, a professora insistiu na procura de argumentos que pudessem justificar as relações encontradas, aspecto que tinha ainda reduzida expressão no trabalho desenvolvido pelos alunos.

O episódio seguinte ilustra o modo como a professora procurou que os alunos fossem propondo justificações para as suas conclusões:

Professora: É possível com a folha dobrada ao meio obter triângulos?
Lino: Os cortes não podem ser quaisquer.
Eva: Temos de cortar triângulos retângulos.
Professora: Por quê?
Rita: Se um corte não for perpendicular à dobra da folha fico com mais um lado e já não dá três lados.
Professora: Isso. E só posso obter que tipo de triângulo?
Eva: Isósceles e equiláteros.
Professora: Nunca posso obter escalenos, por quê?
Eva: A linha de dobragem é um eixo de simetria.
Professora: E...
Eva: Os triângulos escalenos não têm eixos de simetria.

Os relatórios elaborados pelos alunos traduziram, sobretudo, as conclusões a que eles haviam chegado e ainda não refletiam a preocupação em justificá-las sem ser a partir das experiências levadas a efeito. No entanto, de um modo geral, todos os grupos conseguiram apresentar relatórios que sistematizavam o trabalho realizado.

As professoras fizeram um balanço bastante positivo desse trabalho uma vez que, para além de terem sido discutidas ideias importantes relacionadas com a exploração de uma investigação, os alunos se mostraram bastante entusiasmados e procuraram sempre participar ativamente. Tal tarefa possibilitou a análise de aspectos em que os alunos tinham ainda dificuldades – olhar para uma tarefa de investigação como um todo e não como uma sequência de perguntas não relacionadas, não retirar conclusões a partir de um número reduzido de experiências, ser capaz de organizar os dados recolhidos e de procurar argumentos que validem as suas conjecturas – mas que começaram a ser ultrapassadas por muitos deles.

Os comentários dos alunos ao trabalho realizado refletem o gosto que tiveram em explorar essa tarefa e, muitos deles, referem a maior facilidade com que o fizeram (comparativamente com as duas primeiras investigações que haviam realizado). Como escreveu um dos grupos no seu relatório: "Este trabalho foi até agora o que achamos mais divertido e fácil, na medida em que trabalhamos com cortes, e também de certa forma pudemos relembrar os eixos de simetria [...] foi um trabalho sobre investigações que gostamos muito de fazer. Conseguimos explorá-lo ao máximo, fazendo várias experiências".

As investigações no ensino da Geometria

Por todo o mundo têm vindo a ser perspectivadas recomendações curriculares para o ensino da Geometria. De um modo geral, tem sido contestada a visão do movimento da Matemática Moderna que destacava o papel da Geometria para ilustrar o caráter dedutivo e axiomático da Matemática e desvalorizava os aspectos ligados à observação, à experimentação e à construção.

As tendências curriculares atuais convergem ao considerar que essa área da Matemática é fundamental para compreender o espaço em que nos movemos e para perceber aspectos essenciais da atividade matemática. Salienta-se, por exemplo, a importância de estudar os conceitos e objetos geométricos do ponto de vista experimental e indutivo, de explorar a aplicação da Geometria a situações da vida real e de utilizar diagramas e modelos concretos na construção conceptual em Geometria. Com os exemplos que apresentamos em seguida, procuramos evidenciar a ideia de que as investigações geométricas constituem experiências de aprendizagem importantes para prosseguir estas recomendações curriculares.

Comecemos pela utilização de programas de Geometria Dinâmica, uma opção curricular atualmente bastante enfatizada. Esse suporte tecnológico permite o desenho, a manipulação e a construção de objetos geométricos, facilita a exploração de conjecturas e a investigação de relações que precedem o uso do raciocínio formal.[4]

---

[4] Existem diversos programas de Geometria Dinâmica, a que faremos referência mais adiante. Para uma descrição de experiências de sala de aula, o leitor pode ver BORBA e PENTEADO (2001). Sobre o papel desses programas na aprendizagem da Matemática, ver também ABRANTES, SERRAZINA e OLIVEIRA (1999).

Vários estudos empíricos destacam também que, na realização de investigações, a utilização dessas ferramentas facilita a recolha de dados e o teste de conjecturas, apoiando, desse modo, explorações mais organizadas e completas e permitindo que os alunos se concentrem nas decisões em termos do processo.[5]

Vejamos dois exemplos concretos. O primeiro, *Partindo do Teorema de Pitágoras*, é um desafio que pode ser proposto a partir do momento em que os alunos já conhecem tal teorema. É um exemplo de uma proposta de trabalho em que está presente a ideia de analisar generalizações de fatos conhecidos.

QUADRO 8 - Partindo do Teorema de Pitágoras

Como sabe, o Teorema de Pitágoras estabelece uma relação entre as áreas dos quadrados cujos lados são os catetos e a hipotenusa de um triângulo retângulo. Mais concretamente, costumamos enunciar este teorema dizendo: num triângulo retângulo o quadrado da hipotenusa é igual à soma dos quadrados dos catetos.

Propomos-lhe agora que investigue, com o auxílio do *Geometer's Sketchpad*,[6] possíveis generalizações deste teorema pensando na seguinte questão:

Se construir outras figuras geométricas, em vez de quadrados, a relação entre as áreas mantém-se?

Pode começar por investigar o que se passa se construir triângulos equiláteros:

- construa um novo triângulo retângulo;
- sobre cada um dos catetos e sobre a hipotenusa construa triângulos equiláteros;
- compare a soma das áreas dos triângulos construídos sobre os catetos com a área do triângulo construído sobre a hipotenusa.
- que conjectura pode estabelecer?
- tem motivos que o levam a pensar que ela é sempre verdadeira?

---

[5] Ver BROCARDO (2001).

[6] O *Geometer's Sketchpad* é um programa de geometria dinâmica muito semelhante ao

> Investigue o que acontece se construir sobre os lados de um triângulo retângulo outros polígonos regulares.
>
> E se construir semicírculos?
>
> Com base nas experiências que fez anteriormente, estabeleça uma conjectura que diga respeito a figuras construídas sobre os lados e sobre a hipotenusa de um triângulo retângulo. Escolha uma figura para a qual a conjectura não tenha ainda sido verificada e observe se esta se mantém. Explique por que é que a sua conjectura lhe parece verdadeira.

Depois de os alunos construírem o triângulo retângulo, com o auxílio dos *macros* já integrados no *Sketchpad*, podem facilmente construir polígonos regulares e não regulares. De fato, a possibilidade de usar programas de Geometria Dinâmica facilita a realização de experiências que, de outro modo, se tornariam morosas e difíceis de analisar.

A investigação é inicialmente centrada nos polígonos regulares. Para cada tipo de polígono regular, os alunos facilmente realizam um grande número de testes: basta arrastar um dos vértices do triângulo equilátero para obter uma figura diferente. Após sucessivos testes com vários polígonos regulares, é natural que os alunos elaborem uma conclusão idêntica à seguinte, apresentada por um grupo após ter construído polígonos regulares com 3, 5 e 6 lados:

> Desenhamos o hexágono e a regra não se alterou, novamente a área dos hexágonos desenhados sobre os catetos é igual à área do hexágono desenhado sobre a hipotenusa. Agora pensamos que a regra se mantinha para todos os polígonos regular que desenhássemos sobre os lados do triângulo retângulo.

Esse tipo de "conclusão" pode originar uma interessante discussão em torno da diferença entre "verificar para muitos" e "provar para todos" que pode ser precisada a partir do desafio, lançado pelo professor, de pensar numa demonstração para um ou dois tipos de polígono regular.

Cabri-Géomètre ou ao *Geometricks*. Esta tarefa, embora pensada para o *Sketchpad*, pode igualmente ser trabalhada usando outros programas, nos quais os alunos terão de ter uma iniciação relativamente ao modo de os usar para investigar propriedades geométricas.

No caso dos polígonos não regulares, surge facilmente a ideia de contraexemplo: desde que se encontre um polígono não regular que não verifica a conjectura estabelecida para os regulares, pode-se concluir que ela não se verifica em todos os polígonos.

Outro exemplo de tarefa que pode ser explorada com programas de Geometria dinâmica é *Quadriláteros e pontos médios*.

QUADRO 9 - Quadriláteros e pontos médios

Utilize um programa de Geometria Dinâmica (*Geometer's Sketchpad*, *Cabri-Géomètre* ou *Geometricks*) para realizar essa investigação sobre quadriláteros.

1. Construa um quadrilátero qualquer e o ponto médio de cada um dos lados. Em seguida, una os pontos médios dos lados consecutivos. Que tipo de quadrilátero obteve?

Arraste um dos vértices do quadrilátero inicial. Diga o que acontece e tente justificar por quê.

2. Investigue agora o que acontece se o quadrilátero inicial for especial (quadrado, retângulo, losango...).

Essa investigação tem como base a ideia de partir da construção de figuras para investigar relações entre elas. Na pergunta 1, após várias experiências, os alunos começam a aperceber-se de que obtêm sempre um paralelogramo. Nessa altura é importante que o professor os incentive a procurar uma demonstração dessa conjectura.

Um caminho possível para essa demonstração é começar por traçar uma das diagonais do quadrilátero inicial.

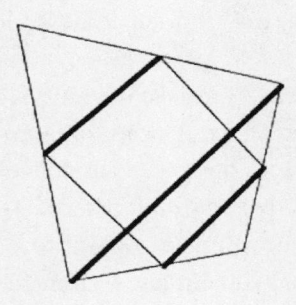

Depois, podemos garantir que cada um dos dois lados do quadrilátero inscrito que estão assinalados é paralelo à diagonal que se traçou, usando o seguinte teorema de Euclides: se traçarmos uma reta paralela a um dos lados de um triângulo, então ela corta os lados do triângulo proporcionalmente, e, se os lados do triângulo forem cortados proporcionalmente, então o segmento de reta que une os pontos médios é paralelo ao lado restante do triângulo. Finalmente, podemos concluir que, uma vez que cada um dos lados assinalados é paralelo à mesma diagonal, então eles são paralelos entre si. Fica assim demonstrada a conjectura.

A investigação proposta na segunda questão exige que os alunos tenham bem presente as propriedades dos vários quadriláteros e que as utilizem na sua construção e verifiquem de modo a estabelecer conjecturas que relacionem o quadrilátero de partida e o quadrilátero que se obtém unindo os seus pontos médios.

Outra recomendação curricular geral que tem vindo a ser salientada já há alguns anos é a de utilizar, na sala de aula, material manipulável. Por exemplo, em 1989, o NCTM considerava que:

- Todas as salas de aula devem ser equipadas com conjuntos de material manipulável (por exemplo, cubos, placas, geoplanos, escalas, compassos, réguas, transferidores, papel para traçado de gráficos, papel ponteado).
- Professores e alunos devem ter acesso a material apropriado para desenvolver problemas e ideias para explorações.

Está hoje bastante difundido material manipulável diverso, adequado ao estudo de vários conceitos e relações geométricas como simetrias, pavimentações ou cortes em poliedros. Esse material constitui um importante ponto de partida que entusiasma os alunos a fazer explorações, apoia a obtenção de dados e a formulação de conjecturas.

Um exemplo disso foi a reação dos alunos de uma turma a quem foi proposto realizar uma investigação sobre a relação entre o número de vértices, arestas e faces dos poliedros convexos. Os alunos dispunham de várias peças de *polidron* (triângulos, quadrados, pentágonos e hexágonos que encaixam uns nos outros) que podiam usar para construir vários sólidos geométricos. Ao trabalhar essa investigação na aula, foi visível como a utilização desse material entusiasmou os alunos para realizar o trabalho proposto. O seguinte comentário, incluído no relatório de um dos grupos, ilustra bem essa potencialidade: "E sem dúvida o mais interessante foi a utilização dos *polidrons*, com os quais ao mesmo tempo que trabalhávamos nos divertíamos".

Outro exemplo é o de uma investigação em que é proposto aos alunos a construção de cubos de diferentes dimensões a partir de "cubinhos" unitários:

QUADRO 10 - Cubos, cubos e mais cubos

> Imagine agora que, depois de construído o cubo de aresta 3 com os cubinhos, se decidiu pintá-lo exteriormente de vermelho.
>
> Quantos cubinhos ficam com uma única face pintada? E com duas? E com três?... E com nenhuma?
>
> Investigue o que aconteceria se pintássemos um cubo de aresta 4. E se pintássemos um de aresta 5? E de aresta 10?

A possibilidade de usar cubinhos apoia o trabalho inicial de recolha de dados. Mas, também, apoia a justificação dos valores encontrados mesmo para os casos em que se torna pouco viável a efetiva construção do cubo (como nos casos de aresta 5 e 10). Por exemplo, para perceber que o número de cubinhos com zero faces pintadas corresponde ao número de cubinhos necessários para construir um cubo cuja aresta tem menos dois cubinhos que o cubo inicial, é importante olhar para os modelos construídos e imaginar o que fica no interior. Daqui pode facilmente justificar-se que a expressão $(n-2)^3$ corresponde ao número de cubinhos com zero faces pintadas.

Os exemplos discutidos anteriormente centraram-se em investigações em que é importante a utilização de ferramentas tecnológicas ou de material manipulável. A realização de investigações permite também perseguir uma ideia salientada por Freudenthal[7] – a de proceder a pequenas organizações locais da Geometria. Para esse autor, em vez

---

[7] Ver FREUDENTHAL (1973).

de apresentar aos alunos uma organização global da Geometria, podem ser proporcionadas experiências em que eles sejam convidados a organizar um pequeno número de resultados conjecturados por eles. A tarefa *Quadriláteros e diagonais* é um exemplo de como esse aspecto pode ser trabalhado a um nível elementar. De fato, na discussão final do trabalho realizado pelos alunos, o professor pode desafiá-los a organizar uma sistematização das suas conclusões, clarificando, desse modo, como se pode organizar uma classificação dos quadriláteros tendo em conta as características das suas diagonais.

QUADRO 11 - Quadriláteros e diagonais

> Trace um segmento vertical como o seguinte:
>
> |
>
> 1. Desenhe outro, de modo que os dois segmentos sejam as diagonais de um quadrado. Desenhe o quadrado correspondente e escreva os cuidados que teve ao traçar a segunda diagonal. Faça o mesmo para cada um dos tipos de quadrilátero que conhece.
> 2. Procure agora definir as características das diagonais dos quadriláteros anteriores.

Vários dos exemplos que fomos discutindo ao longo deste capítulo incidem sobre aspectos particulares, como, por exemplo, a utilização de material manipulável na realização de investigações. No entanto, em todos eles esteve presente a ideia que o trabalho em torno de tarefas de investigação geométricas permite ao professor perseguir uma recomendação curricular, hoje largamente aceita, de que deve ser dado tempo e oportunidade ao aluno para organizar as suas experiências espaciais.

Capítulo V

Investigações em Estatística

No currículo de Matemática, a Estatística é um tema relativamente recente. As abordagens usuais deste tópico enfatizam os aspectos computacionais e procedimentais: como se calcula a média ou o desvio padrão, como se faz um gráfico de barras, um gráfico circular ou um diagrama de caule e folhas. Como consequência, a Estatística pode tornar-se um dos temas de Matemática mais aborrecidos de ensinar e de aprender.

No entanto, este tema matemático desempenha um papel essencial na educação para a cidadania. Na verdade, a Estatística constitui uma importante ferramenta para a realização de projetos e investigações em numerosos domínios, sendo usada no planejamento, na recolha e análise de dados e na realização de inferências para tomar decisões. A sua linguagem e conceitos são utilizados em cada passo do dia a dia para apoiar afirmações em domínios como a saúde, o desporto, a educação, a ciência, a economia e a política. Todo o cidadão precisa saber quando um argumento estatístico está ou não a ser utilizado com propriedade.

Neste capítulo, começamos por apresentar uma investigação estatística realizada na sala de aula. Na parte final, alargamos a nossa discussão sobre o lugar que as investigações estatísticas podem ter na prática do professor.

Investigando o aluno típico

Essa experiência[1] foi realizada pela professora Olívia de Sousa, em colaboração com uma colega que disponibilizou a sua turma de 6ª série de 19 alunos de 11-12 anos. Na opinião da sua professora, trata-se de alunos interessados e simpáticos, com experiência anterior de trabalhar em grupo e de realizar investigações matemáticas.

A ideia da tarefa surgiu do livro *Didáctica de la Estadística*, de Carmen Batanero. Assumindo que, nessa idade, os jovens têm grande curiosidade em relação ao seu corpo, Olívia achou que esse tema podia dar origem a um trabalho relevante e motivador. Esboçou uma primeira versão que discutiu com a colega, o que levou a uma melhor adaptação do texto à linguagem dos alunos. Procuraram incluir questões que os ajudassem a orientar-se autonomamente no seu trabalho. Tiveram, ainda, o cuidado de aligeirar o texto, assumindo que diversas informações seriam dadas oralmente aos alunos, na devida altura.

Durante a preparação do trabalho, as professoras discutiram aspectos como a gestão do tempo, a dinâmica das aulas, o seu próprio papel e a avaliação do trabalho dos alunos. Decidiram usar cinco blocos de 90 minutos, sendo os primeiros três destinados à realização da tarefa, o quarto à elaboração de relatórios e preparação de apresentações orais, e o último à apresentação e à avaliação dos trabalhos.

As professoras decidiram, ainda, que a maior parte do trabalho iria decorrer em pequenos grupos. Aqui e ali seriam inseridos períodos de debate geral, permitindo a todos a partilha de experiências e significados. Refletiram, também, sobre a gestão dos períodos de discussão coletiva e prepararam questões para estimular a intervenção e a reflexão de todos os alunos.

Aula 1: Preparação das questões a investigar. Os alunos receberam a ficha de trabalho indicada no Quadro 12.

---

[1] A descrição desta experiência tem por base o artigo de OLÍVIA SOUSA (2002). Trata-se de um trabalho realizado no âmbito de uma dissertação de mestrado com orientação de João Pedro da Ponte.

QUADRO 12 - Como são os alunos da minha turma?
(1ª etapa)

Suponha que queria comunicar, a um aluno de um país distante, ou mesmo, quem sabe, a um extraterrestre, como são os alunos de sua turma.

1ª etapa: Preparação das questões de investigação

Discuta, com os seus colegas, sobre:

1. Que dados (físicos, sociais, culturais...) devem entrar na caracterização do aluno típico?

2. Como pensa que vai ser o perfil do aluno típico da tua turma?

3. Será necessário traçar um perfil para os moços e outro para as moças? Por quê?

A professora da turma leu a ficha, procurando clarificar o significado de alguns termos e certificar-se de que todos os alunos a tinham entendido. Os alunos discutiram então as características a considerar. Todos os grupos referiram, desde logo, os dados físicos: cor dos olhos e do cabelo, altura, peso... A identificação de características sociais e culturais já não foi tão evidente, tendo suscitado muitas perguntas de todos os grupos. As discussões mais acesas surgiram durante a elaboração da conjectura do perfil do aluno típico. Por exemplo, o Mauro, de olhos verdes, centrando-se sobre si próprio, teimava que o aluno típico tinha olhos verdes...

Inês: Agora vamos ver como é que é o aluno. Como pensa que vai ser? Vá, a cor dos olhos.

Estelle: Olhos castanhos.

Mauro: Verdes!

Inês: Castanhos!

Mauro: Verdes!

Inês: Não, é mais típico olhos castanhos do que verdes.

Mauro: Ai é? Eu tenho os olhos típicos![2]

---

[2] Este diálogo e os seguintes são retirados do artigo de OLÍVIA SOUSA (2002).

Nesse grupo todos os alunos intervieram com frequência, manifestando a sua opinião. As duas alunas lideraram as operações, mas todos participaram na discussão, com base na observação direta e no conhecimento de si próprios.

Depois de todos os grupos terem registrado a sua conjectura, procedeu-se à apresentação do trabalho feito a toda a turma. Primeiro, o porta-voz de cada grupo indicou as características que haviam selecionado. As ideias apresentadas pelos vários grupos eram muito próximas, pelo que se passou à apresentação das conjecturas. Aqui surgiram divergências, nomeadamente, quanto à altura, peso e preferência de ocupação de tempos livres. Estando a aula a terminar, não se dedicou muito tempo à sua discussão, visto que era necessário decidir quais as características a investigar na aula seguinte.

No fim da aula, as professoras fizeram uma reflexão. Concordaram que a gestão do tempo podia ter sido outra, mas fizeram um balanço positivo por sentirem que os alunos haviam trabalhado com entusiasmo. Compilaram uma lista com as características sugeridas, verificando que duas delas – altura e peso – requeriam uma recolha de dados por medição. Considerando importante que todos os alunos fizessem medições, acrescentaram mais três características desse tipo e procederam à sua distribuição pelos grupos, de modo que todos recolhessem dados por inquérito, observação e medição. Cada grupo ficou então com quatro características para investigar.

Aula 2: Recolha de dados. Nessa aula os alunos começaram mais depressa a trabalhar. Foi-lhes indicado o critério seguido na distribuição das características e, para todos saberem o que os outros estavam a estudar, cada grupo recebeu uma folha com a distribuição feita, além da ficha relativa a essa etapa (Quadro 13).

QUADRO 13 - Como são os alunos da minha turma? (2ª etapa)

2ª etapa: Preparação da recolha dos dados

1. Escreva na forma de pergunta cada uma das características que vai investigar.

2. Que respostas pensa obter para as suas perguntas?

> 3. De que modo (por meio de observação, medição ou inquérito) pode obter as respostas às suas perguntas?
>
> 4. Prepare folhas de registro para os dados que vais recolher.

Com essas questões, as professoras pretendiam orientar os alunos na preparação da recolha dos dados, a realizar na segunda parte da aula. As duas primeiras questões tinham por objetivo alertar os alunos para os cuidados a ter na redação das perguntas de um inquérito. Ao pensarem nas respostas possíveis, os alunos sentiram necessidade de clarificar as suas questões de modo a obterem respostas fáceis de tratar, situação ilustrada pelo seguinte diálogo:

Estelle: Qual é a sua preferência?

Alexandre: O que gosta mais de fazer?

...

Estelle: Preferência pode ser o que nós quisermos. Nós aqui podíamos estar a falar do quê?

Inês: Quais são as suas favoritas preferências ou preferências favoritas?

Estelle: Quais são as suas preferências de comer? Qual é a preferência da sua comida? Está percebendo? É assim, só que nós temos é...

Inês: Não! Nós temos que saber...

Mauro: Qual é a comida que prefere?

Inês: Quais são as suas preferências no geral?

Todos concordaram com essa formulação da pergunta e registraram-na nas suas fichas de trabalho. Mais tarde, ao pensarem nas respostas que poderiam surgir, retomaram a questão:

Professora: Como é a pergunta? Quais são as suas preferências, no geral?

Inês: O que gosta de fazer, no geral?

Professora: O que gosta de fazer quando? Quando está na aula de Matemática?

Todos: Não!

Professora: Na aula de inglês?

Estelle: Nos tempos livres.

Alexandre: Nos tempos livres, a minha preferência é jogar computador!

Professora: Bom, o que gosta de fazer nos tempos livres? Já está um bocadinho mais clara. Depois há outra questão que é o seguinte: cada um pode dizer quantas respostas quiser ou vão limitar?

A identificação das três técnicas de recolha de dados também não levantou problemas. Os alunos consideraram que, para saber se o aluno típico usa ou não óculos, não basta a observação, uma vez que há alunos que têm óculos, mas não os usam sempre. Como tal, decidiram que os dados relativos a essa variável seriam recolhidos por observação e inquérito. A preparação de uma folha para registro dos dados também não constituiu problema para nenhum grupo.

A segunda parte da aula foi dedicada à recolha dos dados. As professoras haviam levado uma balança e várias fitas métricas, com que os alunos se pesaram e mediram alturas, envergaduras, tamanho dos sapatos e tamanho dos palmos. Ficaram bastante surpreendidas pelo modo eficaz como eles se organizaram para recolher os dados.

Na reflexão feita no final da aula, as professoras concluíram que os alunos são capazes de se organizarem e têm iniciativa quando estão a resolver problemas que lhes interessam. Antes da aula, estavam um pouco apreensivas por não terem formulado estratégias para a recolha de dados. Ao refletirem em conjunto, reconheceram que tinham subestimado a capacidade de organização dos alunos!

Aula 3: Tratamento dos dados. Nessa turma, os conteúdos de Estatística ainda não haviam sido lecionados. Apesar disso, as professoras decidiram não abordá-los explicitamente e optaram por acompanhar cada um dos grupos, que tinham assim de se basear nos seus conhecimentos prévios. Isso levou a que fosse necessário mais tempo que o previsto para o tratamento dos dados. Tal como nas outras etapas, distribuíram uma ficha com questões orientadoras (Quadro 14).

QUADRO 14 - Como são os alunos da minha turma? (3ª etapa)

3ª etapa: Organização e representação dos dados

Nessa etapa vai tentar descobrir formas de organizar e resumir os seus dados. Observe um dos seus conjuntos de dados e procure organizá-los com a ajuda das perguntas seguintes:

1. Qual é o valor mínimo dos seus dados? E o valor máximo? E a distância entre estes dois valores? Acha que os seus dados estão muito concentrados ou estão espalhados?

2. Tente descobrir uma forma de organizar os dados de modo que seja fácil ver quantas vezes aparece cada valor.

3. Qual é o valor mais frequente (*moda*)?

4. Qual é o valor do meio (*mediana*)?

5. A *média* de um conjunto de valores obtém-se somando todos os valores e dividindo esta soma pelo número total de dados. Calcule a média dos seus dados. Escreva algumas propriedades da média.

6. A *moda*, a *mediana* e a *média* são três medidas estatísticas que pode usar na caracterização de um conjunto de dados. Qual destas medidas, pensa que dá uma melhor ideia acerca do seu conjunto de dados? Por quê?

7. Um conjunto de dados pode ser representado de muitas maneiras diferentes: tabelas, diagramas, gráficos etc. Escolha uma representação para os seus dados que seja diferente da dos seus colegas de grupo. Compare as diferentes representações e escolha aquela que, no teu entender, dá uma melhor visão dos dados. Justifique a sua escolha.

A primeira questão foi facilmente resolvida após o esclarecimento de que só se aplicava às variáveis quantitativas. A segunda questão também não levantou problemas, embora os alunos demorassem algum tempo a realizá-la. Alguns não ordenaram os valores, o que dificultou a sua leitura. Em alguns casos, a situação foi ultrapassada com a sugestão de ordenar os dados e em outros casos as professoras apresentaram aos alunos a representação em diagrama de caule e folhas e em gráfico de pontos.

A identificação da moda também não levantou problemas. Mesmo sem conhecerem esse termo, os alunos já haviam demonstrado entender o conceito quando discutiram a cor dos olhos do aluno típico. Após uma discussão entre a cor verde e a castanha, a Inês e a Estelle argumentaram do seguinte modo:

Inês: Olhe para a turma, quantos olhos verdes há, quantos olhos azuis há e quantos olhos castanhos há?
Estelle: Olhe, azuis não há nenhuns.
Inês: Olhos castanhos! Está?

O cálculo da média, com alguma ajuda das professoras, também se revelou acessível à maioria dos alunos. Apesar de esse conceito não ter sido ainda estudado, já se tinha percebido que os alunos o conheciam, na primeira aula, quando conjecturaram a altura do aluno típico e, na segunda, quando tentaram prever a resposta para a envergadura. É o que se vê no diálogo seguinte:

Inês: Então pomos 1 e 35.
Alexandre: 1 e 40
Professora: Como é que chegou ao 1 e 35?
Inês: Diga?
Professora: Como é que fez esse 1 e 35?
Inês e Estelle: Foi estimativa!
Inês: Nem é como o do Mauro (1,20 m) nem como a minha envergadura (1,50 m), é no meio.
Estelle: É entre...
Inês: É entre os dois...
Estelle: Do Mauro e da Inês.

Das três medidas estatísticas, a mediana foi a que se revelou menos evidente. Alguns alunos procuraram o valor do meio, mas esqueceram-se de contar os valores repetidos, outros identificaram a mediana com a média dos extremos.

No final dessa aula, as professoras fizeram o balanço do que havia sido feito em conjunto por toda a turma. Havia grupos que tinham aprendido coisas novas e era importante que o partilhassem com todos os colegas.

Aula 4: Balanço do trabalho realizado. As professoras sentiram necessidade de usar essa aula para que os alunos pudessem partilhar aprendizagens e confrontar diferentes ideias do mesmo conceito. Começaram por pedir ao grupo que havia calculado a mediana como a média dos valores extremos que explicasse o que haviam feito. Uma aluna indicou que haviam calculado a diferença entre o valor máximo e o mínimo e depois dividiram a diferença ao meio. Em seguida somaram esse valor ao valor mínimo e subtraíram-no ao valor máximo, tendo observado que dava o mesmo resultado. Então concluíram que esse valor era a mediana ou o valor do meio ("do meio entre o máximo e o mínimo"). Quando questionados, os outros alunos acharam a ideia razoável. As professoras pediram à aluna que escrevesse, no quadro, a lista dos dados ordenados. Enquanto isso, alguns alunos calcularam a mediana dos seus dados por esse processo, tendo concluído que não obtinham o mesmo valor. Entretanto, foi discutido também o que fazer com os valores repetidos. No final, os alunos acabaram por compreender que a média dos extremos não representa a mediana, uma vez que esta diz respeito aos valores que a variável toma. Após o esclarecimento das dúvidas sobre os conceitos de mediana e média, as professoras pediram aos alunos que haviam organizado os seus dados num diagrama de caule e folhas que mostrassem aos seus colegas como se constroem estes diagramas. O mesmo fizeram os alunos que haviam representado os seus dados num gráfico de pontos. Não se discutiu a construção de gráficos de barras visto que os alunos o consideraram desnecessário. Para a aula seguinte ficaram as questões relativas à representação gráfica e à escolha das variáveis estatísticas.

No final da aula, as professoras consideraram que a atribuição de quatro características a cada grupo havia dificultado desnecessariamente o tratamento dos dados. Teria sido mais eficaz e menos cansativo se cada grupo trabalhasse apenas duas variáveis, uma quantitativa e outra qualitativa. Consideraram, ainda, que a sua opção de não expor a parte teórica se revelou adequada, uma vez que, desse modo, os alunos puderam aprender com base nas suas necessidades e nos conhecimentos que já possuíam. Apesar de acharem essa etapa extensa, fizeram um balanço positivo do seu desenvolvimento.

Aula 5: Preparação de relatórios. Os alunos começaram por representar graficamente os seus dados, escolhendo em cada caso a variável estatística que melhor os representava. Na segunda parte da aula, procederam à preparação das apresentações orais e à elaboração dos relatórios escritos, com base num roteiro distribuído pelas professoras (Quadro 15).

QUADRO 15 - Roteiro para elaboração do relatório

O vosso relatório deve incluir os seguintes pontos:
1. Apresentação do grupo
2. Questões de investigação. Neste ponto devem registrar as perguntas a que vão procurar responder.
3. Metodologia. Neste ponto devem escrever como pensaram na recolha de dados, na escolha da representação gráfica e na escolha da medida estatística.
4. Resultados da investigação. Neste ponto devem registrar os resultados a que chegaram com a vossa investigação.
5. Conclusão. Neste ponto podem indicar a vossa opinião sobre o trabalho que realizaram.

Não houve tempo para os alunos terminarem os seus relatórios, pelo que se combinou que esses seriam concluídos posteriormente, em outro momento de trabalho com a sua professora. Os alunos esboçaram os relatórios e refletiram sobre o modo de apresentar o seu trabalho, tendo todos os grupos decidido que iam usar acetatos. Verificou-se que havia pelo menos um aluno em cada grupo com computador em casa, pelo que o modo de passar a limpo o relatório e de fazer os acetatos não constituiu um problema.

Aula 6: Apresentação dos trabalhos. Os alunos mostraram-se um pouco nervosos e preocupados. As professoras deixaram-nos acertar as últimas combinações e em seguida passou-se às apresentações. Os alunos estiveram atentos e mostraram-se interessados nas apresentações dos seus colegas. A discussão ficou para o fim, para que todos os grupos pudessem apresentar o seu trabalho.

No final, as apresentações foram discutidas uma por uma. Alguns grupos pediram aos seus colegas esclarecimentos sobre a recolha de dados. A questão mais polêmica teve a ver com o número de alunos louros da turma, apresentado por um dos grupos. Tornou-se evidente que o conceito de "louro" não era igual para todos os alunos e concluíram que num inquérito é necessário garantir clareza e objetividade nas questões. O período de discussão revelou-se demasiado curto, não sendo possível redigir o perfil do aluno típico da turma. Foi decidido realizar outra sessão mais tarde, para escrever a carta ao extraterrestre e avaliar a realização da tarefa.

No final dessa experiência, as professoras fizeram uma avaliação do trabalho efetuado. Consideram que essa atividade se revestiu de um caráter experimental, permitindo aos alunos trabalhar de forma integrada diversos conteúdos matemáticos de Números e Estatística. Os números decimais, obtidos mediante a medição de grandezas associadas ao corpo humano, ganharam um novo significado. A sua manipulação num contexto significativo, envolvendo comparação, ordenação, agrupamento e operação, contribuiu para que os alunos melhorassem a sua compreensão global. Quanto aos conteúdos estatísticos, o contato com diferentes tipos de variáveis e com diversos modos de recolher, organizar e representar informação relevante e significativa promoveu nos alunos um entendimento e compreensão da linguagem, conceitos e métodos estatísticos muito além da simples memorização.

As professoras refletiram também sobre as aprendizagens referentes às etapas do processo de investigação. A formulação de questões foi realizada com a colaboração de todos os alunos, sendo nessa parte mais intervenientes os melhores alunos. As questões formuladas foram pouco diversificadas, não tendo gerado debates muito polêmicos. A recolha de dados, pelo seu lado, ultrapassou todas as expectativas. Os alunos organizaram-se e, enquanto uns mediam, outros perguntavam, observavam e registravam os dados que iam recolhendo.

Olívia e a sua colega concluíram, ainda, que as investigações estatísticas são um campo privilegiado para promover a interdisciplinaridade. Se o seu estudo for orientado para questões sociais, ambientais ou de saúde, os alunos podem envolver-se em debates e reflexões de grande alcance. A discussão das características a usar, a formulação de hipóteses para o perfil do aluno típico e a análise dos resultados constituíram atividades de comunicação e argumentação importantes para o seu desenvolvimento pessoal. A necessidade de defender as suas ideias e de confrontá-las com as dos outros fomentou o desenvolvimento das capacidades de crítica e reflexão, fundamentais para o exercício de uma cidadania ativa e responsável.

Elas consideram que todos os alunos se envolveram ativamente na realização da tarefa, emitindo e defendendo as suas opiniões, muitas vezes em oposição aos colegas com mais prestígio na turma. No entanto, ficaram surpreendidas com outros aspectos da sua participação. Num dos grupos, por exemplo, nas discussões internas todos os alunos participavam de modo semelhante, mas, para esclarecer qualquer dúvida, eram as moças que tomavam sempre a palavra. Os moços só intervinham quando solicitados. Para Olívia, este fato deve-se à falta de confiança nos seus conhecimentos por parte dos alunos com desempenho mais fraco.

Os alunos pronunciaram-se sobre o trabalho realizado, manifestando o seu agrado. Consideraram-no interessante e agradável, principalmente a parte da recolha de dados. Como escreveu um dos grupos no seu relatório: "No início pensamos que o trabalho não tinha muito interesse, mas depois começamos a gostar mais na parte prática do trabalho porque medimos, observamos e perguntamos...".

As professoras, concluíram, no entanto, que a tarefa devia ser simplificada. Pretendendo que os alunos estudassem diversos tipos de variável e usassem diferentes métodos de recolha de dados, atribuíram a cada grupo demasiadas variáveis, daí resultando um grande volume de dados. Desse modo, foi necessário usar mais aulas que o previsto e o tratamento dos dados acabou por tomar parte do tempo destinada à reflexão e ao debate.

O trabalho conjunto das professoras permitiu-lhes aproveitar as potencialidades da colaboração profissional. Na preparação das aulas, puderam prever diversas ocorrências e refletir sobre modos de resolvê-las, minimizando o número de situações imprevistas e a necessidade de tomar decisões em cima do acontecimento. No final de cada aula, a reflexão conjunta ajudou a compreender o modo como os alunos viveram a experiência e, sempre que necessário, permitiu o ajustamento do plano para a aula seguinte.

Investigações no ensino da Estatística

O lugar da Estatística no ensino tem conhecido uma forte evolução. No final dos anos 50, essa começou a ser integrada no currículo do ensino secundário, em estreita ligação com as Probabilidades, com relevo para o estudo de testes de hipóteses – uma abordagem vincadamente "teórica". Mais tarde, foi introduzida no ensino primário, com destaque para as formas de representação de dados (tabelas, gráficos) e as medidas de tendência central (média, mediana, moda), uma abordagem muito "prática", mas também muito pobre. Só posteriormente, surgiu em alguns países a perspectiva de encarar a Estatística como "trabalho com dados". Hoje em dia, identificam-se três grandes correntes no ensino desse tema: (i) com ênfase no processo de Análise de Dados,[3] tal como ela é utilizada no dia a dia na sociedade (é o caso da Inglaterra); (ii) como capítulo da Matemática, frequentemente designado por Estocástica, sublinhando aspectos conceptuais e/ou computacionais (como na França); e (iii) como *'state' istics,* ou seja, como instrumento auxiliar para o estudo dos mais variados assuntos e disciplinas escolares (caso da Suécia). A última tendência refere-se à forma como a Estatística é usada por outras disciplinas – o que assume grande importância, se ela recebe reduzida atenção em Matemática. As duas primeiras tendências dizem

---

[3] Em inglês, *data handling.*

respeito ao modo como a Estatística é abordada na disciplina de Matemática – com ênfase nos aspectos matemáticos ou na sua utilização em diversos campos.

A perspectiva da Estatística como Análise de Dados é defendida por numerosos autores, entre os quais estatísticos de renome. Por exemplo, Robert Hogg considera que o ensino desse tema deve dar grande atenção à aprendizagem da formulação de boas questões, ao modo eficaz de recolher dados, à sistematização e interpretação da informação recolhida e à compreensão das limitações da inferência estatística. Considera esse autor que

> [...] ao nível da iniciação, a Estatística não deve ser apresentada como um ramo da Matemática. A boa Estatística não deve ser identificada com rigor ou pureza matemáticos mas ser mais estreitamente relacionada com pensamento cuidadoso. Em particular, os alunos devem apreciar como a Estatística é associada com o método científico: observamos a natureza e formulamos questões, reunimos dados que lançam luz sobre essas questões, analisamos os dados e comparamos os resultados com o que tínhamos pensado previamente, levantamos novas questões e assim sucessivamente.[4]

O ensino da Estatística assume uma perspectiva investigativa quando o seu objetivo fundamental é o desenvolvimento da capacidade de formular e conduzir investigações recorrendo a dados de natureza quantitativa. Os alunos trabalham então com problemas reais, participando em todas as fases do processo que tem o seu início na formulação do problema, passa pela escolha dos métodos de recolha de dados, envolve a organização, representação, sistematização, e interpretação dos dados, e culmina com o tirar de conclusões finais. Podemos chamar a esse processo um *ciclo de investigação*.

São muitos os autores que defendem que a educação estatística deve deslocar-se do cálculo e da realização de tarefas de rotina

---

[4] HOGG (1991, p. 342-3).

para o processo geral de investigação. É o caso de outro estatístico, Richard Snee, segundo o qual a ênfase deve estar na "recolha de dados, compreensão e modelação da variação, representação gráfica de dados, experimentação, questionamento", enfatizando assim o "modo como o pensamento estatístico é usado na investigação de problemas do mundo real".[5] Só essa forma de desenvolver os conteúdos estatísticos poderá levar os alunos a compreender o papel da Estatística na sociedade.

Uma vez que esse tema pode ser usado com facilidade para estudar situações muito variadas, é natural aproveitá-lo para promover a interdisciplinaridade e a conexão entre assuntos. Neste capítulo, vimos em pormenor como se desenvolveu uma investigação estatística relacionada com características biológicas, sociais e culturais dos alunos. Muitas outras situações podem servir de ponto de partida para investigações estatísticas, incluindo problemas ambientais (como poluição, mudança climática, tratamento de resíduos), problemas sociais (níveis de escolarização da população, desemprego, distribuição de riqueza), questões de saúde (epidemias, prevenção de doenças) etc.

As tecnologias de informação e comunicação (TIC) têm exercido grande influência no ensino da Estatística, possibilitando a realização dos cálculos e facilitando o uso de uma grande variedade de formas de representação. As TIC permitem o tratamento de dados reais, em vez de trabalhar apenas com amostras de pequena dimensão, com valores escolhidos artificialmente de modo a proporcionar cálculos simples. A Internet contém uma imensa variedade de dados estatísticos, constituindo por isso um excelente recurso para o ensino-aprendizagem desse tema.[6]

As novas tecnologias não são apenas uma ferramenta útil para o trabalho em Estatística. Como refere o estatístico português Jorge Branco, elas constituem mesmo um elemento indispensável na prática nesse campo:

---

[5] SNEE (1993, p. 151).

[6] Um bom exemplo é dado pelo *site* português ALEA – Acção Local de Estatística Aplicada, no endereço http://alea-estp.ine.pt.

> Que a Matemática é essencial ao desenvolvimento da Estatística, parece não levantar dúvidas a ninguém, mas esquecer ou ignorar os outros ingredientes (a indispensável presença dos dados, a essencial intervenção dos computadores e uma certa arte de analisar dados) que fazem parte integrante da ciência Estatística, e que a distinguem claramente da Matemática, levanta grandes preocupações e reações por parte dos estatísticos. O raciocínio típico da Estatística é diferente do que se usa em Matemática e daí que seja legítimo tentar evitar que o ensino da Estatística se faça adotando uma orientação semelhante à que é seguida quando se ensina Matemática.[7]

Uma preocupação também importante do ensino da Estatística, sublinhada por diversos autores, é a compreensão das condições de uso dos conceitos e representações estatísticos, de modo a perceber quando essa utilização está sendo bem feita ou de forma enganadora.[8] Nessa perspectiva, o estudo da Estatística como linguagem de descrição e interpretação deve também merecer atenção em âmbito escolar.

No entanto, essas duas vertentes não são contraditórias. A reflexão sobre os problemas que surgem durante a realização de projetos e investigações estatísticas contribui para compreender como utilizar os seus conceitos e representações. Por outro lado, a compreensão dos usos adequados e não adequados dessas técnicas por terceiros tem certamente efeitos positivos na concepção e realização das nossas investigações.

A ênfase na abordagem da Estatística como Análise de Dados, realizando investigações estatísticas de problemas concretos, não significa que esse tema não possa dar origem a investigações de caráter mais matemático. As propriedades dos conceitos estatísticos elementares, por exemplo, podem ser objeto de estudo por parte dos alunos. Assim, podemos perguntar o que acontece ao valor médio de uma amostra, quando se faz variar um dos seus elementos. Na amostra formada pelos seguintes elementos,

---

[7] BRANCO (2000, p. 24-5).

[8] É o caso de ED JACOBSENN (1989).

12, 12, 13, 13, 13, 14, 15, podemos substituir o valor 15 por 13, 14, 16, 18, 20... e estudar a variação do valor médio da amostra resultante. Estudo análogo pode ser feito para outras amostras. De modo semelhante, podemos pesquisar as propriedades de outras medidas estatísticas, como a mediana, a moda, o desvio padrão, o desvio médio, ou o coeficiente de correlação.

A noção geral que em Matemática se investigam as propriedades dos objetos, relações e representações matemáticas dá muitas pistas para questões, de cunho mais matemático a estudar no âmbito desse tema. No entanto, é no campo do estudo de problemas e situações reais, numa perspectiva de investigação contextualizada, que a Estatística é chamada a dar a sua grande contribuição para a educação matemática.

Na verdade, a Estatística assume presentemente uma grande importância na educação matemática.[9] Isso resulta, em primeiro lugar, de ela ser muito usada nos mais diversos campos. Assim, a vida quotidiana e o exercício da cidadania requerem uma boa formação estatística. Essa não surge espontaneamente, pela simples participação na vida social, pelo que a escola desempenha um papel fundamental nesse campo. Uma segunda razão da importância desse tema no currículo resulta do fato de a Estatística assumir uma inegável especificidade diante dos outros temas de Matemática. O seu objeto não são conceitos simples como números e figuras geométricas, mas agregados de objetos como amostras e populações. Além disso, como sublinhamos, é um tema que não deve ser encarado isoladamente, mas usado em processos de investigação e em contextos de atividade social. Desse modo, os objetivos do ensino da Estatística enquadram-se nos objetivos do ensino da Matemática, mas revestem-se de uma natureza própria.

Esses objetivos dificilmente podem ser conseguidos dando apenas atenção a um dos aspectos da Estatística – a representação dos dados em gráficos, tabelas ou por meio de medidas de tendência central e de dispersão – deixando por tratar ou referindo apenas superficialmente aos aspectos relativos ao planejamento

---

[9] Ver PONTE e FONSECA (2001).

das investigações e à realização de inferências. Pelo contrário, será necessário encarar a Estatística como um processo que envolve a realização de investigações, formulando questões, recolhendo, representando, organizando e interpretando dados, fazendo inferências e, a partir daí, colocando novas questões e reiniciando o ciclo investigativo.

Capítulo VI

A avaliação do trabalho de investigação

As investigações matemáticas são uma atividade de aprendizagem e, como em todas as outras atividades, tem de haver avaliação. Essa avaliação permitirá ao professor saber se os alunos estão progredindo de acordo com as suas expectativas ou se, pelo contrário, é necessário repensar a sua ação nesse campo. Além disso, permitirá ao aluno saber como o seu desempenho é visto pelo professor e se existem aspectos a que precisa dar mais atenção.

As investigações reportam-se a diversos objetivos curriculares. Em primeiro lugar, pretende-se que o aluno seja capaz de usar conhecimentos matemáticos na resolução da tarefa proposta. Em segundo lugar, pretende-se que o aluno desenvolva a capacidade de realizar investigações. E, em terceiro lugar, pretende-se promover atitudes, tais como a persistência e o gosto pelo trabalho investigativo. Como vamos ver neste capítulo, para avaliar esses objetivos, o professor tem à sua disposição uma variedade de instrumentos de avaliação, de natureza oral e escrita, que podem ser utilizados quer os alunos trabalhem individualmente, quer trabalhem em grupo.

Relatórios escritos

Um relatório é uma produção escrita, realizada por um aluno ou por um grupo de alunos, tendo em vista apresentar um trabalho previamente desenvolvido, como, de resto, já várias vezes foi exemplificado nos capítulos anteriores. Os alunos podem ser convidados a referir no relatório não só as conclusões que tiraram da realização de uma tarefa de investigação, mas também os processos que usaram para chegar a essas conclusões. Nesses processos podem incluir-se as questões levantadas acerca da situação proposta, a bibliografia e outras fontes consultadas, o modo como organizam os dados, as conjecturas provadas e não provadas, os procedimentos usados para validação das conjecturas etc. O relatório poderá ser mais interessante se incluir alguma informação sobre esses aspectos, permitindo ao professor conhecer não só as conclusões a que os alunos chegaram, mas também os processos por eles utilizados.

Apresentamos em seguida uma situação que surgiu durante uma experiência realizada por duas professoras com uma turma da 8ª série (12-13 anos). Ao longo do ano letivo em que decorreu esse trabalho, as tarefas de investigação foram, de um modo geral, exploradas em pequenos grupos e discutidas com toda a turma. Durante o trabalho de grupo, os alunos foram encorajados a comunicar e debater ideias e a decidir sobre o caminho a seguir na exploração das tarefas propostas. Na fase de discussão com toda a turma, procurava-se que os alunos apresentassem as descobertas realizadas e as discutissem. Essa fase constituía um importante complemento do trabalho em pequenos grupos, uma vez que permitia promover nos alunos uma compreensão aprofundada do que haviam feito em grupo, uma maior organização do raciocínio e uma discussão dos aspectos em que eles tinham tido mais dificuldades. Após a discussão de cada tarefa, os alunos elaboravam, em casa, um relatório escrito sobre o trabalho que haviam realizado. A maioria desses relatórios foi elaborada em grupo. No entanto, foram também pedidos quatro relatórios individuais. Para apoiar a elaboração dos relatórios, no início do ano, foi dado aos alunos o roteiro indicado no Quadro 16.

QUADRO 16 - Um roteiro geral para os relatórios

> Ao longo deste ano letivo vão ser pedidos a você vários relatórios acerca de tarefas que vai resolver nas aulas de Matemática.

Embora a organização de um relatório possa ser uma tarefa em que tenha inicialmente algumas dificuldades, pensamos que ele pode ajudá-lo, por exemplo, a compreender melhor os vários assuntos tratados nas aulas e a desenvolver a capacidade de comunicar por escrito o trabalho que realizou.

Um relatório deve incluir uma descrição o mais detalhada possível do trabalho que realizou e pode ser organizado da seguinte forma:

Em primeiro lugar, tente descrever os passos que seguiu para explorar a tarefa que lhe foi proposta. Procure explicá-los de uma forma clara e organizada. Registre todos os valores com que trabalhou e, nos casos em que tal se mostre adequado, não hesite em apresentar desenhos, tabelas, esquemas...

Em segundo lugar, procure resumir o que aprendeu depois de realizar esse trabalho.

Finalmente, é também importante que organize um comentário geral em relação a tudo o que fez. Pode, por exemplo, referir o interesse que a tarefa lhe despertou, quais os aspectos em que teve maior dificuldade e a forma como decorreu o trabalho no grupo.

Os primeiros relatórios elaborados pelos alunos eram, de um modo geral, pouco desenvolvidos: não descreviam o processo seguido, apresentavam respostas curtas e tendiam a não integrar qualquer justificação das opções realizadas e das conclusões a que haviam chegado. No entanto, progressivamente, os alunos passaram a produzir relatórios detalhados em que explicavam o trabalho realizado e justificavam as conclusões obtidas.

Um exemplo que ajuda a perceber o tipo de trabalho que os alunos começaram a elaborar é o relatório que Eva apresentou relativamente à exploração da tarefa *Quadrados em quadrados* (já apresentada no Capítulo 3).

Eva, depois de uma pequena introdução, descreve o modo como explorou a primeira questão:

Relatório

No dia 21 de abril, foi-nos pedido para realizarmos um trabalho [...]. Tínhamos uma ficha com o primeiro exemplo. Um quadrado 3 x 3 com um quadrado inscrito. Constatamos então que havia mais um quadrado que se podia inscrever no quadrado inicial.

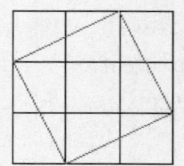
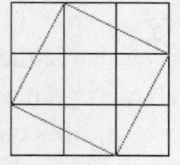

Seguimos então para o quadrado 4 x 4 em que vimos que podíamos inscrever 3 quadrados, verificamos nos quadrados 5 x 5 e 6 x 6 e acontecia que o número de quadrados inscritos era o número do lado do quadrado menos 1. Isso era sempre verdade porque num quadrado ficamos sempre com menos 1 vértice do que o lado do quadrado.

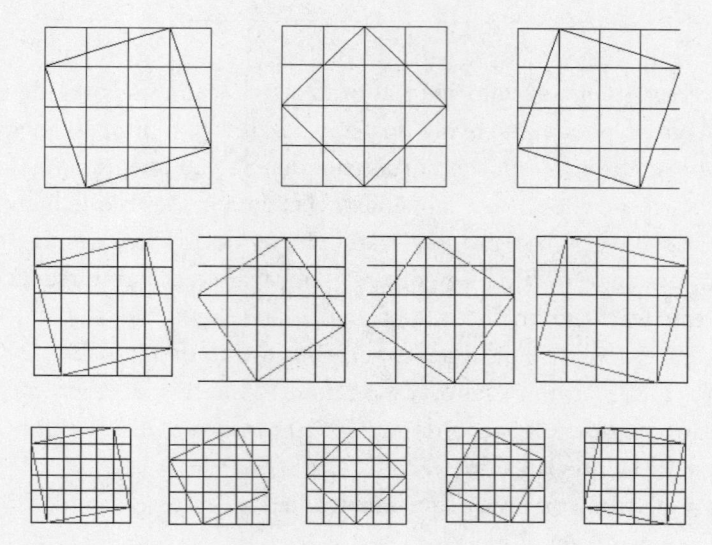

Nessa parte do relatório, Eva, para estudar a questão proposta, começa por recolher e organizar dados – desenhando quadrados do tipo 3 x 3, 4 x 4, 5 x 5 e 6 x 6 e contar o número de quadrados inscritos em cada um. Depois, com base na análise dos dados recolhidos, formula a conjectura de que o número de quadrados inscritos é igual ao "número do lado do quadrado inicial menos 1" e procura argumentar a sua validade. Embora não o faça de forma clara, consegue-se perceber que tenta explicar que num quadrado qualquer há sempre menos um "sítio" (interseção das quadrículas com os lados do quadrado inicial) em que pode colocar o vértice dos quadrados inscritos.

Eva continua o seu relatório indicando as questões iniciais que foram formuladas para investigar a pergunta 2. Descreve também um processo que passou pela prova de que os quadrados inscritos num mesmo quadrado são iguais dois a dois e pela refutação das conjecturas iniciais:

> Serão os quadrados inscritos todos iguais?
> No quadrado 3x3 os quadrados inscritos serão 2x2, no quadrado 4x4 os quadrados inscritos serão 3x3?
> Essas hipóteses não eram certezas, mas sim conjecturas. Fomos então em seguida verificar não geometricamente, mas sim numericamente. Havia muitas maneiras de conferir as áreas, mas nós seguimos o Teorema de Pitágoras.
> Começando então pelo quadrado 4x4 ...

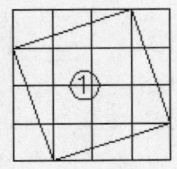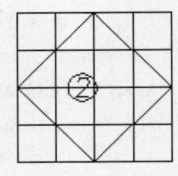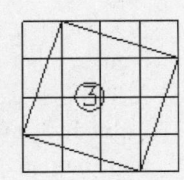

> Mas antes de começar a fazer, a Sandra disse que de imediato já sabemos que 1 e 3 são iguais, pois eram simétricos. Já não era necessário verificar esses dois quadrados, mas sim o 2 em relação aos outros [...]
> Constatamos então que os quadrados 1 e 3 eram maiores que o quadrado 2. Podemos então agora afirmar que os quadrados

inscritos não são todos iguais, falsificando as conjecturas a que chegamos anteriormente.

Em seguida, Eva descreve o modo como procurou calcular a medida da área de cada um dos quadrados inscritos num quadrado qualquer:

Decidimos então para organizar melhor o trabalho e podermos chegar a algumas conclusões, construir uma tabela em que entrassem valores como as áreas dos quadrados inscritos e o número de quadrados inscritos:

Lado	Número de quadrados inscritos	1º	2º	3º	4º	5º	6º
1	0						
2	1	2					
3	2	5	5				
4	3	10	8	10			
5	4	17	13	13	17		
6	5	26	20	18	20	26	
7	6	37	29	25	25	29	37

Logo após termos terminado de fazer a tabela, eu reparei que, por exemplo, no primeiro quadrado, conforme ia aumentando o lado, a sua área ia sempre aumentando 3, 5, 7, 9, 11... (números ímpares). Assim já poderíamos saber, por exemplo, a linha do 8, mas era apenas uma conjectura. Isso se verificava não só no primeiro quadrado [inscrito], mas nos outros quadrados também.

Mas não era ter essa "trabalheira" toda que nós queríamos. Nós queríamos algo que generalizasse todo esse processo. No final da aula, descobri a coluna do 1º quadrado $-(n-1)^2 + 1$. Em casa tentei descobrir as outras colunas somando valores a essa expressão.

Depois de ter estado uma tarde inteira a olhar para a tabela descobri que:

$$n \quad n-1 \quad (n-1)^2+1 \quad ((n-1)^2+1)+5-(n+(n-1))$$
$$((n-1)^2+1)+((n-1)^2+1)+5-(n+(n-1))-n^2+8$$

O segundo e o terceiro achei um pouco absurdo, mas o mais espantoso é que resultava. Por exemplo, na linha do 5:

$$5 \quad 4 \quad 17 \quad 13 \quad 13 \quad 17$$
$$4=5-1$$
$$17=4 \times 4+1$$
$$13=17+5-(5+4)$$
$$13=17+17+5-(5+4)-5^2+8$$

Na parte final do relatório, Eva explica que, embora as fórmulas que encontrou parecessem ser válidas, elas eram complicadas e havia ainda muitos quadrados inscritos para os quais não havia encontrado uma expressão. Em seguida, explicou a necessidade de procurar uma expressão geral – "nós precisávamos de algo que quando nos pedissem a área do quadrado na posição m nós pudéssemos dizer logo" – e termina o seu relatório apresentando-a – $(n-1)^2+1$ – e referindo o modo como a professora demonstrou que ela era sempre válida.

O relatório de Eva mostra como ela procurava registrar por escrito o trabalho realizado, referindo o modo como recolheu e organizou os dados, as conjecturas que formulou, os testes realizados e o modo como, tal como a maioria dos seus colegas de turma, conseguiu evoluir e passar a elaborar relatórios interessantes.

Tal exemplo mostra as potencialidades do relatório escrito como modo de avaliação do trabalho investigativo dos alunos. Nessa situação concreta, tratou-se de um relatório individual, mas os alunos também podem realizar relatórios em grupo. Em seguida, consideramos duas questões gerais sobre relatórios: as indicações que o professor deve dar aos alunos e a forma como se podem avaliar os relatórios.

Comecemos pela questão das indicações a dar aos alunos. Se esses não estiverem habituados a realizar relatórios, é natural que fiquem muito confusos quando lhes for feito esse pedido pela primeira vez. Por isso, pelo menos numa fase inicial, pode ser vantajoso fornecer aos alunos um conjunto de indicações precisas sobre o que se espera que eles incluam nos relatórios e apoiá-los na compreensão e concretização dessas indicações. É bom que os alunos percebam o que se lhes está pedindo e que saibam, desde o início, os aspectos que irão ser considerados na sua avaliação.

Tais indicações podem ser dadas de diferentes modos. Podem ser fornecidas oralmente, discutindo com os alunos o que se pretende e construindo com a sua participação uma espécie de roteiro do relatório. Esse modo de estabelecer os pontos essenciais do relatório tem a vantagem de integrar as sugestões dos alunos e de clarificar desde logo certos aspectos do trabalho a realizar. No entanto, para que os alunos possam usar esse roteiro mais tarde, é importante que ele seja escrito nos seus pontos fundamentais.

Os alunos estão habituados a escrever respostas sintéticas em Matemática, quando muito apresentando os cálculos usados para obtê-las e, por isso, faz-lhes muitas vezes confusão o pedido de descrever os processos usados, em especial no que respeita às estratégias tentadas e abandonadas e às conjecturas testadas e rejeitadas. Para os alunos, fazer esse tipo de relatório é, também, uma aprendizagem. O fato de haver indicações escritas permite a sua releitura em diversos momentos, mas não dispensa a necessidade de conversar com os alunos sobre o que se pretende e o modo de concretizá-lo.

Na situação anteriormente referida, foi fornecido um roteiro no qual as professoras explicavam o que pretendiam. Outro roteiro, feito num estilo diferente, inclui também uma informação sobre os aspectos que o professor terá em conta na avaliação dos alunos (Quadro 17).

QUADRO 17 - Roteiro para a elaboração de
um relatório (exemplo 2)[1]

Na elaboração do relatório pode ter em conta, entre outros, os seguintes aspectos:

- Identificação do aluno ou grupo de alunos
- Título
- Objetivo do trabalho incluindo as questões iniciais
- Descrição do processo de investigação (incluindo tabelas e/ou esquemas, esboços de gráficos, organização dos dados recolhidos...), das tentativas realizadas e das dificuldades encontradas
- Conclusões
- A sua apreciação crítica da tarefa proposta
- Apreciação autocrítica da sua intervenção no trabalho
- Bibliografia e outros materiais consultados

Aspectos que serão tidos em conta na avaliação:

- Organização do trabalho
- Descrição e justificação dos procedimentos utilizados
- Correção e clareza dos raciocínios
- Correção dos conceitos matemáticos envolvidos
- Correção e clareza da linguagem utilizada
- Criatividade

Enfim, seja o roteiro do relatório construído na sala de aula ou apresentado já estruturado pelo professor, será necessário dialogar com os alunos ao longo do processo da sua elaboração, ajudando a clarificar o que é pretendido e dando-lhes hipótese de colocarem as suas questões.

Uma vez elaborados os relatórios, põe-se o problema de como avaliá-los. A avaliação pode traduzir-se numa escala quantitativa (por exemplo, 1 a 5) ou qualitativa (por exemplo, muito bom, bom, suficiente etc.). O importante, no entanto, não é a escala, mas os

---

[1] Adaptado de um roteiro elaborado pelos professores da Escola Secundária de Leal da Câmara, Rio de Mouro, Portugal

critérios que são usados nessa avaliação, bem como os comentários que o professor escreve para os alunos.

Na experiência com uma turma da 8ª série, já referida neste capítulo, a avaliação dos relatórios dos alunos incluía uma apreciação geral, um comentário dos aspectos em que mostraram ter mais dificuldades, sugestões que podiam ajudar a melhorá-los e uma avaliação qualitativa que resumia a apreciação feita.

Quando o relatório está muito bom, para além de reconhecer esse fato e dar os parabéns ao aluno, o professor não terá muito mais a comentar. É o que acontece com o relatório de Eva. Em outros casos, o professor pode ter bastante mais para dizer. Apresentamos em seguida uma parte do comentário que foi feito ao relatório de um grupo sobre a exploração da tarefa *Dobragens e cortes* (já apresentada no Capítulo 4).

Apreciação geral

O trabalho de vocês tem uma apresentação muito boa. Vocês se preocuparam em ilustrar as suas afirmações colando as figuras que haviam dobrado e cortado e apresentando desenhos. A resposta a cada questão é bastante cuidada, mas, de um modo geral, pouco aprofundada. Têm que procurar, em cada situação, esgotar todas as possibilidades e tentar chegar a conclusões que sejam válidas para todas as hipóteses existentes.

Comentários à resolução de cada questão:

Questão 1
A análise das várias situações possíveis está incompleta. Afirmam que cortaram todo o tipo de triângulos. De fato, cortaram triângulos equiláteros, isósceles e escalenos, mas não foram suficientemente sistemáticos ao estudar os triângulos isósceles. Será que são todos acutângulos?

Questão 2
Os desenhos que apresentam mostram bem os cortes que devem fazer para obter triângulos equiláteros e isósceles. No entanto, deviam procurar explicar porque é que para obter triângulos isósceles o corte perpendicular à dobragem tem de ser menor que o outro corte. Deviam também ter o mesmo tipo de preocupação

relativamente ao "tipo" de corte que permite obter triângulos equiláteros.

Nessa parte do relatório vocês não dão ideia de como foram evoluindo na exploração da questão. Dizem que começaram a fazer perguntas. Que perguntas? [...]

Classificação: Suficiente

Nesse tipo de avaliação, para além de uma apreciação global, dão-se "pistas" concretas para melhorar a exploração apresentada. Procura-se que os alunos percebam os aspectos que podem ser melhorados e sugerem-se algumas possibilidades para o fazê-lo.

Adaptando processos usados na avaliação da resolução de problemas, é possível construir escalas para avaliação de relatórios. A seguir apresentamos dois exemplos. No primeiro (Quadro 18), considera-se apenas uma caracterização geral do relatório dos alunos. No segundo (Quadro 19)[2] consideram-se diversas dimensões concretas, a saber: (i) conhecimento matemático, (ii) estratégias e processos de raciocínio e (iii) comunicação.

QUADRO 18 - Escala unidimensional de avaliação de relatórios

Nível	Caracterização
4 - Bom	A ideia principal é comunicada com clareza e maturidade. As ideias estão bem organizadas do ponto de vista lógico. O conteúdo está bem desenvolvido. A linguagem (incluindo vocabulário) é boa ou excelente. A estrutura gramatical (incluindo a pontuação) é boa ou excelente. A apresentação (incluindo a ortografia) é boa ou excelente.
3 - Aceitável	A ideia principal é comunicada de modo satisfatório. As ideias estão organizadas de modo satisfatório. O conteúdo é aceitável. A linguagem é satisfatória. A estrutura gramatical (incluindo a pontuação) é satisfatória. A apresentação (incluindo a ortografia) é satisfatória.

---

[2] Adaptado de CAI, LANE e JAKABCSIN (1996).

Nível	Caracterização
2 - Insuficiente	A ideia principal está vagamente apresentada. As ideias estão mal organizadas. O conteúdo está mal desenvolvido. A linguagem (incluindo o vocabulário) é algumas vezes pouco apropriada. A estrutura gramatical (incluindo a pontuação) contém erros. A apresentação (incluindo a ortografia) é fraca.
1 - Muito deficiente	A ideia principal não se percebe. As ideias estão muito mal organizadas. O conteúdo é muito pobre. A linguagem (incluindo o vocabulário) é inadequada. A estrutura gramatical (incluindo a pontuação) é muito incorreta. A apresentação (incluindo a ortografia) é de muito má qualidade.

QUADRO 19 - Escala unidimensional
de avaliação de relatórios

Nível	Conhecimento matemático	Estratégias e processos de raciocínio	Comunicação
4	Mostra compreender os conceitos e princípios matemáticos do problema. Usa terminologia e notação apropriada. Executa completa e corretamente os algoritmos.	Usa informação exterior relevante de natureza formal ou informal. Identifica todos os elementos importantes do problema e mostra uma compreensão da relação entre eles. Indica uma estratégia apropriada e sistemática para a resolução do problema e mostra, de forma clara o processo de solução. O processo de solução é claro e sistemático.	Apresenta uma resposta completa com uma descrição ou explicação clara e não ambígua. Inclui um diagrama completo e apropriado. Comunica efetivamente com a audiência Apresenta, como suporte, argumentos fortes, lógicos e completos. Inclui exemplos e contraexemplos.

Nível	Conhecimento matemático	Estratégias e processos de raciocínio	Comunicação
3	Mostra compreender, quase completamente, os conceitos e princípios matemáticos do problema. Usa quase corretamente a terminologia e notação apropriada. Executa completamente algoritmos. Os cálculos estão na generalidade corretos, contendo eventualmente pequenos erros.	Usa informação exterior relevante de natureza formal ou informal. Identifica todos os elementos importantes do problema e mostra uma compreensão da relação entre eles. Mostra, de forma clara o processo de solução. O processo de solução é completo, ou quase completo, e sistemático.	Apresenta uma resposta completa com uma razoável explicação ou descrição. Apresenta um diagrama apropriado e quase completo. Na generalidade, comunica efetivamente com a audiência e apresenta como suporte argumentos que estão logicamente corretos, embora contendo pequenas imperfeições.
2	Mostra compreender alguns dos conceitos e princípios matemáticos do problema. A resposta tem erros de cálculo.	Identifica alguns elementos importantes do problema, mas mostra apenas uma compreensão limitada da relação entre eles. Mostra alguma evidência do processo de solução, mas esse está incompleto ou pouco sistematizado.	Mostra um progresso significativo na direção de completar o problema, mas a descrição ou explicação é ambígua ou pouco clara. Inclui um diagrama pouco claro ou pouco preciso. A comunicação é vaga ou de difícil interpretação e os argumentos são incompletos ou baseados em premissas pouco importantes.

Nível	Conhecimento matemático	Estratégias e processos de raciocínio	Comunicação
1	Mostra uma compreensão muito limitada dos conceitos e princípios matemáticos do problema. Falha no uso dos termos matemáticos. A resposta tem erros de cálculo graves.	Usa informação exterior irrelevante. Falha na identificação, quase por completo, de aspectos importantes ou coloca muita ênfase em elementos pouco importantes. Reflete uma estratégia inadequada para resolver o problema.	Apresenta alguns elementos satisfatórios, mas omite partes significativas do problema. Inclui um diagrama que representa a situação problemática de uma forma incorreta ou o diagrama é pouco claro ou de difícil interpretação. Falta a explicação ou descrição ou é difícil de seguir.
0		Dá evidência incompleta do processo de solução. O processo de solução não existe, é de difícil identificação ou não está sistematizado.	
	Mostra não compreender os conceitos e princípios matemáticos do problema.	Tenta usar informação exterior irrelevante. Falha na indicação de quais os elementos do problema são apropriados para a resolução. Copia partes do problema, mas sem procurar a solução.	Comunica de forma ineficaz. Integra desenhos que não representam de todo a situação problemática. As palavras não refletem o problema.

A construção dessas escalas assenta numa ideia muito simples. Escolhe-se um objetivo ou conjunto de objetivos que possam ser graduados em diferentes níveis. Depois faz-se corresponder a cada par objetivo-nível uma descrição de aspectos observáveis nos relatórios dos alunos.

A diferença entre as duas escalas é que a primeira dá atenção, em termos globais, a todos os aspectos do desempenho dos alunos, enquanto que a segunda distingue três tipos de objetivo: conhecimento matemático, estratégias e processos de raciocínio e comunicação. A primeira escala é de aplicação mais fácil e rápida enquanto a segunda permite obter informação mais detalhada. Nos exemplos apresentados, a primeira escala tem quatro níveis e a segunda tem cinco, mas é evidente que podemos fazer esse tipo de escala com quantos níveis quisermos. Muitos níveis, no entanto, tornam o seu uso pouco prático. De um modo geral, usam-se de três a cinco níveis para conseguir algum poder discriminatório, sem tornar o seu uso demasiado complicado.

A construção dessas escalas assenta numa ideia muito simples. Escolhe-se um objetivo ou conjunto de objetivos que possam ser graduados em diferentes níveis. Depois faz-se corresponder a cada par objetivo-nível uma descrição de aspectos observáveis nos relatórios dos alunos.

A diferença entre as duas escalas é que a primeira dá atenção, em termos globais, a todos os aspectos do desempenho dos alunos, enquanto que a segunda distingue três tipos de objetivo: conhecimento matemático, estratégias e processos de raciocínio e comunicação. A primeira escala é de aplicação mais fácil e rápida enquanto a segunda permite obter informação mais detalhada. Nos exemplos apresentados, a primeira escala tem quatro níveis e a segunda tem cinco, mas é evidente que podemos fazer esse tipo de escala com quantos níveis quisermos. Muitos níveis, no entanto, tornam o seu uso pouco prático. De um modo geral, usam-se de três a cinco níveis para conseguir algum poder discriminatório, sem tornar o seu uso demasiado complicado.

Os alunos devem ter conhecimento da escala que vai ser usada, por uma questão de transparência, e também para poder fazer a sua autoavaliação. Depois, para cada relatório, o professor procura identificar os descritores que melhor se adequam. Desse modo, facilmente produz uma notação classificativa. Para além disso, pode fazer alguns comentários relacionados com aspectos específicos desse relatório, eventualmente com sugestões para os alunos terem em consideração no futuro.

Em experiências nas quais esse tipo de escala foi usado,[3] verificou-se que elas ajudavam os professores não só a avaliar os relatórios dos alunos, mas também a estruturar e monitorizar de modo mais seguro o seu desempenho durante a realização das tarefas de investigação.

Outras formas de avaliação do trabalho investigativo

A *observação* informal dos alunos durante a realização da tarefa e na fase de apresentação das suas conclusões à turma é uma forma natural de avaliá-los quando eles trabalharam numa investigação. A partir dessa observação, o professor pode recolher muita informação sobre as atitudes dos alunos, sobre o modo como eles mobilizam os conhecimentos matemáticos formais e informais e sobre o seu entendimento do que é uma investigação, do seu papel na respectiva realização e da sua capacidade em levá-la a bom termo.

Na verdade, a observação dos alunos enquanto trabalham é um processo de avaliação fundamental para dar informações ao professor. A sua atenção tanto pode incidir num ou noutro aluno que precisa de uma atenção individual como na atividade de um ou mais grupos. Essa observação é muitas vezes conduzida de modo seletivo, observando cada grupo ou cada aluno por sua vez. Ao observar, o professor não tem de se limitar a uma atitude passiva, pelo contrário, pode fazer perguntas aos alunos de modo a perceber melhor o que eles estão fazendo e a forma como estão pensando.

A observação é um bom meio de conhecer o modo como os alunos reagem às tarefas de investigação, o modo como as interpretam e a estratégia de trabalho que desenvolvem, os seus processos de raciocínio, bem como os conhecimentos matemáticos que usam e nas competências de cálculo que evidenciam. Pode proporcionar muita informação e essa qualidade é também a sua principal limitação, pois torna-se difícil ao professor fazer registros seletivos anotando apenas o que é realmente importante.

---

[3] Uma experiência com utilização deste tipo de tabelas vem descrita no trabalho de JOSÉ MANUEL VARANDAS (2000).

Outra forma de avaliação são as *apresentações orais* que se fazem no culminar de uma atividade de investigação, quando os alunos dão a conhecer ao professor e aos seus colegas o trabalho por si previamente realizado. Uma apresentação oral constitui uma situação de avaliação e também de aprendizagem, favorecendo o desenvolvimento da capacidade de comunicação e de argumentação. Pode ser usada tanto de modo individual como em grupo. Ainda que de forma breve, no final, o professor deve dar a conhecer aos alunos a apreciação que faz do seu desempenho, salientar os seus progressos e dar sugestões concretas sobre aspectos em que considera que eles possam melhorar.

As apresentações orais permitem avaliar uma variedade de objetivos, incluindo as atitudes e valores, a compreensão do processo de investigação, a pertinência das estratégias, os processos de raciocínio, o uso de conceitos, as competências de cálculo e a capacidade de comunicação oral. A sua principal limitação é o tempo que consomem. Se todos os alunos forem chamados a fazer esse tipo de atividade com muita frequência, há o risco de essas apresentações se tornarem cansativas, com consequências negativas no ambiente de trabalho da sala de aula.

Usando uma estratégia de avaliação multifacetada, o professor pode fazer correntemente observação direta dos alunos e grupos durante a realização das tarefas e alternar as apresentações orais com a produção de relatórios escritos, individuais ou de grupo. Ao realizar um trabalho de investigação, o aluno deve saber que esse trabalho irá ser avaliado, tal como de resto todo o trabalho que realiza na disciplina de Matemática. O professor deve evitar que essas formas de avaliação se tornem muito pesadas, acabando por tomar tempo demasiado que deveria ser utilizado em atividades de aprendizagem. Mas, sobretudo, deve habituar os alunos à ideia de que o trabalho de investigação tem de ser avaliado, tal como qualquer outro, para que eles ganhem consciência dos seus pontos fortes e fracos e saibam como melhorar, se necessário, o seu desempenho nesse tipo de atividade.

Capítulo VII

As investigações no currículo

Nos currículos de numerosos países, surgem, de modo direto ou indireto, referências à realização de atividades de investigação pelos alunos, na aula de Matemática. Vamos analisar, brevemente, o que dizem sobre o assunto os documentos curriculares dos Estados Unidos da América, da Inglaterra e da França, detendo-nos um pouco mais em Portugal e no Brasil. Na parte final do capítulo, discutimos o modo como o professor pode introduzir atividades de investigação na sua gestão curricular e os recursos que pode mobilizar para a integração sustentada desse tipo de trabalho na sua prática letiva.

Estados Unidos da América

Diversos documentos publicados nos últimos quinze anos pelo National Council of Teachers of Mathematics (NCTM) indicam a visão dessa organização acerca do que os alunos devem aprender na disciplina de Matemática e representam as posições do movimento de reforma da educação matemática na América do Norte.

As *Normas para o Currículo e Avaliação da Matemática Escolar* identificam cinco objetivos gerais para todos os alunos: (i) aprender a dar valor à Matemática; (ii) adquirir confiança na sua capacidade de fazer Matemática; (iii) tornar-se apto a resolver problemas matemáticos; (iv) aprender a comunicar matematicamente; e (v) aprender a raciocinar matematicamente.[1] Esse documento defende que o grande objetivo do ensino da Matemática é ajudar todos os alunos a desenvolver "poder matemático" e, para isso, os professores devem envolvê-los na formulação e resolução de uma grande diversidade de problemas, na construção de conjecturas e de argumentos, na validação de soluções e na avaliação da plausibilidade das afirmações matemáticas. O documento defende que as boas tarefas são aquelas que não separam o pensamento matemático dos conceitos ou aptidões matemáticas e que apelam para a resolução de problemas, a investigação e exploração de ideias e a formulação, teste e verificação de conjecturas. "Fazer matemática" e "raciocinar matematicamente" são expressões que apontam claramente para a ideia da realização de investigações matemáticas.

As *Normas Profissionais* são ainda mais explícitas em relação às atividades de investigação quando afirmam que "a verdadeira essência do estudo da Matemática é precisamente uma atividade de exploração, de formulação de conjecturas, de observação e de experimentação".[2] Esse documento diz também que o "espírito de investigação deve estar presente em todo o ensino e aprendizagem da Matemática".[3]

Nos *Principles and Standards for School Mathematics*, publicados em 2000, o NCTM sublinha a importância de os alunos aprenderem Matemática com compreensão. Tal documento indica que são necessárias tarefas adequadas para introduzir ideias matemáticas importantes e para envolver os alunos e desafiá-los intelectualmente:

> Tarefas matemáticas bem escolhidas podem atrair a curiosidade dos alunos e puxá-los para a Matemática. As tarefas podem ser ligadas às experiências matemáticas quotidianas dos alunos ou podem surgir em contextos puramente matemáticos. Independentemente do contexto, as tarefas matemáticas válidas devem ser intrigantes, com um nível de desafio que convida à especulação e ao trabalho árduo.[4]

---

[1] NCTM (1991, p. 5).

[2] NCTM (1994, p. 97).

[3] NCTM (1994, p. 117).

[4] NCTM (2000, p. 18-19).

Em todos esses documentos, o NCTM valoriza tarefas cujas características coincidem com as das tarefas de investigação. Embora o termo "investigação matemática" raramente apareça, a ideia está implicitamente presente na importância que é dada à formulação de problemas, à produção e teste de conjecturas, à argumentação e validação de resultados e ao próprio processo de "pensar matematicamente".

Inglaterra

Nesse país, as tarefas de investigação têm uma forte tradição curricular. No início dos anos 80, já se lia em documentos governamentais que "o ensino da Matemática deve incluir oportunidades para trabalho de investigação".[5] Em 1988, com a reforma do sistema de avaliação dos alunos com 16 anos de idade, os exames passaram a incluir a realização de um trabalho (designado por *coursework*), a desenvolver na escola, com um peso de 20 a 60% na nota final. Esse trabalho implicava que os alunos realizassem atividades de exploração e investigação, sendo os respectivos resultados apresentados sob a forma de relatórios. A mudança no sistema de avaliação deu a esse tipo de atividade um grande peso no processo de ensino-aprendizagem.

O currículo de Matemática da Inglaterra e do País de Gales, publicado em 1995, refere que os alunos, entre os 5 e 11 anos, deverão ter "oportunidades de expor a sua linha de raciocínio" e "deverão ser capazes de entender e investigar afirmações gerais assim como investigar casos particulares".[6] Para alunos entre os 11 e os 16 anos, o currículo aponta que eles devem ter "oportunidades de usar e aplicar a Matemática em tarefas práticas, em problemas da vida real e em problemas puramente matemáticos; trabalhar em problemas que constituam um desafio; encontrar e considerar diferentes linhas de argumentação matemática".[7]

---

[5] Relatório COCKCROFT (1982, ponto 243).

[6] DEPARTMENT FOR EDUCATION (1998, p. 2).

[7] *Idem*, p. 11.

De acordo com esse currículo, com a realização de tal tipo de trabalho, os alunos deverão ser capazes de:

- Descobrir modos de ultrapassar as dificuldades que apareçam; desenvolver e usar estratégias próprias;
- Selecionar, experimentar e avaliar uma variedade de abordagens diferentes;
- Identificar a informação em falta e reduzir um problema complexo a um conjunto de pequenos problemas;
- Explicar e justificar como chegaram a uma conclusão;
- Elaborar conjecturas e hipóteses, desenvolver métodos para testá-las e analisar os resultados de modo a verificar se são ou não válidas;
- Usar o raciocínio matemático, inicialmente para explicar e depois, seguindo uma linha de argumentação, para reconhecer as inconsistências.[8]

Nesse currículo, o termo "problema" surge com mais frequência do que o termo "investigação", sendo ambos os termos usados, aparentemente, com o mesmo significado. A importância da realização de conjecturas, do raciocínio e da argumentação matemática está claramente evidenciada. Desde que foi publicado, o currículo inglês tem sido sujeito a sucessivas reformulações, mas essas ideias têm continuado sempre presentes. Assim, por exemplo, entre os objetivos para os alunos de 5-7 anos, surge o de colocar questões do tipo "o que acontece se" e "compreender afirmações gerais... e investigar se elas se verificam em casos particulares".[9] O sistema de avaliação introduzido em 1988 levou os professores das escolas secundárias a passar a propor aos alunos, com frequência, a investigação de situações matemáticas. Alguns educadores matemáticos, como John Mason e Steve Lerman, têm apontado algumas consequências negativas que resultam deste fato, enquanto outros, como Kenneth Ruthveen, fazem um balanço mais positivo do alcance dessa orientação curricular.

---

[8] *Idem*, p. 11 e 12.

[9] *Idem*, p. 11.

França

O ensino secundário nesse país inicia-se com a *Classe de Seconde* (alunos de 15-16 anos), que faz parte do ensino obrigatório, e prossegue com as *Classes de Première e Terminale*, divididas em diversos ramos. Os programas em vigor foram estabelecidos entre abril de 1990 e maio de 1997. O programa da Classe de Seconde indica ser necessário "habituar os alunos à prática do trabalho científico, desenvolvendo conjuntamente as capacidades de experimentação e de raciocínio, de imaginação e análise crítica".[10] A resolução de problemas é indicada como "objetivo essencial", na sequência do que já vinha acontecendo no chamado *Collège*, o ciclo de ensino anterior. Orientações idênticas surgem nos programas da *Classe de Première* e da *Classe de Terminale*. No que respeita à organização do trabalho na aula, os programas da *Classe de Seconde* apontam entre os seus objetivos principais:

> Habituar os alunos à atividade científica e promover a aquisição de métodos: a aula de Matemática é antes de mais um lugar de descoberta, de exploração de situações, de reflexão e de debate sobre as estratégias seguidas e os resultados obtidos, de síntese que proporcione claramente algumas ideiase métodos essenciais, indicando o respectivo valor.[11]

Por outro lado, na *Classe Terminale*, tanto no ramo destinado a alunos de Economia e Ciências Sociais, como no ramo destinado a alunos da área científica, mantém-se o mesmo espírito, quando se afirma que:

> O estudo de situações mais complexas, sob a forma de preparação de atividades na aula ou de problemas a resolver ou a redigir, alimenta o trabalho de investigação, individual ou em equipa, e

---

[10] MINISTÈRE DE L'ÉDUCATION NATIONALE, DE LA RECHERCHE ET DE LA TECHNOLOGIE (1997, p. 13).

[11] *Idem*, p. 16.

permite aos alunos avaliar a sua capacidade de mobilizar os seus conhecimentos em diversos setores.[12]

Verificamos, desse modo, uma assinalável importância da ideia de investigação, como núcleo central da atividade científica, nos grandes objetivos e orientações dos programas franceses da disciplina de Matemática. Essa importância não se torna, no entanto, muito evidente no corpo dos programas, estruturados essencialmente em torno dos conteúdos matemáticos.

Portugal

O programa de Matemática do ensino básico,[13] publicado em 2007,[14] dá um grande destaque ao raciocínio matemático, apresentando-o como uma das três capacidades transversais que os alunos devem desenvolver ao longo dos três ciclos.[15] Esta capacidade assume, neste documento, o estatuto de conteúdo de aprendizagem, sendo explicitados objetivos de aprendizagem gerais e específicos tal como acontece com os tópicos de cada um dos grandes temas matemáticos.

Em termos de objetivos gerais é referido, entre outros aspetos, que os alunos devem:

- reconhecer e apresentar generalizações matemáticas e exemplos e contraexemplos de uma afirmação;
- justificar os raciocínios que elaboram e as conclusões a que chegam;
- compreender o que constitui uma justificação e uma demonstração em Matemática e usar vários tipos de raciocínio e formas de demonstração;

---

[12] Ver p. 61 e 133.

[13] MINISTÉRIO DA EDUCAÇÃO (2007).

[14] Este programa foi sendo introduzido progressivamente ao longo do ensino básico, tendo sido somente no ano letivo de 2012/13 que todos os alunos passaram a estar abrangidos por este.

[15] As outras duas capacidades transversais são a Resolução de problemas e a Comunicação matemática.

- desenvolver e discutir argumentos matemáticos;
- formular e investigar conjeturas matemáticas.[16]

Desde logo, para o 1.º ciclo (alunos de 6-9 anos) são apresentados como objetivos específicos de aprendizagem a explicação de ideias e processos e a justificação de resultados matemáticos, bem como a formulação e teste de conjeturas em situações matemáticas simples, a que se juntam no 2.º ciclo (alunos de 10-11 anos) a explicação e justificação de processos e resultados e ideias matemáticas, com recurso a exemplos e contra-exemplos bem como à análise exaustiva de casos. No 3.º ciclo (alunos de 12-14 anos), continua a ser trabalhado o raciocínio indutivo mas é introduzido também o raciocínio dedutivo, pretendendo-se que os alunos consigam, por exemplo, "distinguir uma argumentação informal de uma demonstração" e "selecionar e usar vários tipos de raciocínio e métodos de demonstração".[17]

Os processos de raciocínio matemático são também referidos no programa em associação com temas e tópicos matemáticos, sendo dadas indicações de situações em que a atividade investigativa pode ter lugar. No 1.º ciclo é sugerida, por exemplo, a realização de investigações em torno de regularidades e relações numéricas nas tabuadas, sendo este um contexto favorável à formulação e teste de conjeturas. No 2.º ciclo, por exemplo no tema Organização e Tratamento de Dados, encontramos uma referência forte à realização de investigações estatísticas, assumindo-se que "o estudo deste tema deve assumir uma natureza investigativa, estimulando os alunos a formular questões como ponto de partida para o trabalho a desenvolver".[18] Já no 3.º ciclo encontramos, entre outros, alguns objetivos específicos no tema Geometria que se cruzam com o raciocínio matemático, nomeadamente a referência à construção de quadriláteros e a investigação das suas propriedades, em particular no caso do paralelogramo, assim como a demonstração do teorema de Pitágoras.

---

[16] MINISTÉRIO DA EDUCAÇÃO (2007, p. 5).

[17] *Idem*, p. 64.

[18] *Idem*, p. 42.

O desenvolvimento do raciocínio matemático só se torna possível quando alicerçado em situações de aprendizagem apropriadas. O programa de Matemática apresenta indicações metodológicas que orientam os professores para conseguirem atingir tal objetivo, nomeadamente, destacando o papel da realização de tarefas de exploração e investigação e a importância de conceder "um tempo apropriado para realizar experiências, elaborar estratégias, formular conjeturas, descrever processos e justificá-los com progressivo rigor".[19] A tecnologia pode ter um papel importante neste contexto, sendo referida, por exemplo para o 3.° ciclo, a utilização de software de Geometria Dinâmica quando os alunos realizam tarefas exploratórias ou investigativas.

O programa de Matemática A do ensino secundário[20] (alunos de 15-17 anos) apresenta nos seus objetivos e competências gerais um conjunto capacidades e aptidões que os alunos devem desenvolver, nomeadamente, no que se refere ao raciocínio e pensamento científicos, a saber: descobrir relações entre conceitos de Matemática; formular generalizações a partir de experiências; validar conjeturas; fazer raciocínios demonstrativos usando métodos adequados.[21] Nas sugestões metodológicas gerais é destacada a: importância das atividades a selecionar, as quais deverão contribuir para o desenvolvimento do pensamento científico, levando o estudante a intuir, conjeturar, experimentar, provar, avaliar e ainda para o reforço das atitudes de autonomia e de cooperação.[22]

As atividades investigativas são apresentadas como um tema transversal (a par da resolução de problemas), sendo referido que estes temas não são de menor importância face aos temas matemáticos a serem tratados. Estas são consideradas um "modo privilegiado de reforçar uma abordagem ao método científico"[23] sendo indicadas ao longo do programa diversas oportunidades para o professor levar os alunos a desenvolver esse tipo de atividade. No programa do 10º

---

[19] *Idem*, p. 49.

[20] MINISTÉRIO DA EDUCAÇÃO (2001).

[21] *Idem*, p. 4.

[22] *Idem*, p. 10.

[23] *Idem*, p. 11.

ano, por exemplo, é sugerida para o tema de Geometria, a realização de pequenas investigações relativas ao "estudo do cubo (incluindo as secções nele determinadas por planos que o intersectem)"[24] e no tema de Funções que "no estudo das famílias de funções os alunos podem realizar pequenas investigações".[25]

O programa também associa a realização de investigações ao uso de tecnologia. No caso do computador a possibilidade de realização de atividades de exploração e pesquisa nos "domínios da geometria dinâmica, representação gráfica de funções e simulação".[26] No caso particular da calculadora gráfica, considera que esta pode permitir a "condução de experiências matemáticas, elaboração e análise de conjeturas".[27]

Verifica-se, portanto, uma presença forte das atividades de investigação no programa de Matemática, em Portugal, para os três ciclos do ensino básico, dado serem estas que, em boa medida, podem contribuir para o desenvolvimento do raciocínio matemático dos alunos, capacidade transversal preconizada neste documento. Existem também diversas referências às atividades de investigação no programa de matemática A do ensino secundário, sendo consideradas um tema transversal. Em ambos os programas são dados exemplos de situações em que tais atividades podem ocorrer, sendo, de um modo mais global, encaradas como atividades transversais aos vários domínios de conteúdo dos programas.

Brasil

Os *Parâmetros Curriculares Nacionais* (PCN) de 5ª à 8ª, publicados em 1998, dão uma significativa importância à realização de atividades de investigação e pesquisa no ensino e na aprendizagem da Matemática, em estreita associação com a resolução de problemas. Assim, entre os objetivos gerais indicados para o ensino

---

[24] *Idem*, p. 25.

[25] *Idem*, p. 28.

[26] *Idem*, p. 16.

[27] *Idem*.

fundamental surge o desenvolvimento do "espírito de investigação" e "da capacidade para resolver problemas", sublinhando-se, igualmente, a importância de os alunos serem capazes de "argumentar sobre suas conjecturas".[28]

Os PCN apoiam-se numa discussão sobre o conhecimento matemático, que é apresentado como resultado de uma construção humana, em interação com os contextos natural, social e cultural. O documento sublinha a importância de processos heurísticos, da criatividade e do sentido estético na criação do conhecimento matemático. Pondo em paralelo o caráter indutivo e dedutivo da Matemática, indica que "as conjecturas e teorias matemáticas são formuladas [a] partir da observação de casos particulares".[29]

As atividades de investigação e de pesquisa surgem aqui na perspectiva da Matemática como contexto de trabalho e também na sua utilização em contextos diversos, relativos a outras áreas e a temas transversais. Vejamos, primeiro, os aspectos especificamente matemáticos. Ao analisar o contributo das novas tecnologias para o ensino e a aprendizagem dessa disciplina, os PCN indicam que essas possibilitam "o desenvolvimento, nos alunos, de um crescente interesse pela realização de projetos e atividades de investigação e exploração como parte fundamental de sua aprendizagem".[30] Indicam também que "a calculadora favorece a busca e percepção de regularidades matemáticas e o desenvolvimento de estratégias de resolução de situações-problema pois ela estimula a descoberta de estratégias e a investigação de hipóteses uma vez que os alunos ganham tempo na

---

[28] Ver MINISTÉRIO DA EDUCAÇÃO (1998), *Parâmetros curriculares nacionais*, p. 47 e 48. Esses objetivos são concretizados para cada um dos ciclos de ensino. Assim, no ponto sobre o ensino e aprendizagem da Matemática no terceiro ciclo, enuncia-se claramente como objetivos no campo das atitudes o "desenvolvimento da capacidade de investigação e da perseverança na busca de resultados..." (p. 75). Em concordância, os critérios para avaliação no terceiro ciclo indicam que uma das competências a avaliar é a capacidade de investigar (p. 76). O mesmo se passa em relação aos objetivos do quarto ciclo, que indicam no ponto das atitudes o "desenvolvimento da capacidade de investigação e da perseverança na busca de resultados, valorizando o uso de estratégias de verificação e controle de resultados" (p. 91). Essa competência é igualmente considerada nos critérios de avaliação (p. 92 e 93).

[29] Ver p. 26.

[30] Ver p. 44.

execução dos cálculos".[31] Apresentam, ainda, um exemplo concreto de uma situação exploratória e de investigação – a divisão sucessiva de um número por 2. Referências à realização de atividades de investigação surgem a propósito dos mais diversos tópicos matemáticos, tanto no 3º como no 4º ciclos:[32]

- *Grandezas e medidas* – "manuseio de instrumentos de medidas que permitam aos alunos fazer conjecturas sobre algumas propriedades dessas figuras..."[33]

- *Espaço e forma* – "o estudo de conteúdos do bloco espaço e forma tem como ponto de partida a análise de figuras pelas observações, manuseios e construções que permitam fazer conjecturas e identificar propriedades".[34]

- *Grandezas e medidas* – "muitas atividades que envolvem a questão do tempo podem interessar os alunos, como [...] pesquisa sobre o funcionamento e construção de um relógio solar..."[35]

- *Cálculo* – "o uso da calculadora facilitará e estimulará a investigação..."[36]

- *Espaço e forma* – "as principais funções do desenho são visualizar [...] ajudar a provar, ajudar a fazer conjecturas [...]".[37]

- *Espaço e forma* – "as observações do material concreto [devem ser] elementos desencadeadores de conjecturas e processo que levem a justificativas mais formais".[38]

- *Tratamento de informação* – "nos ciclos finais, a noção de probabilidade continua a ser explorada de maneira informal, por meio de investigações..."[39]

Nos PCN, as atividades de investigação surgem em associação estreita com a resolução de problemas, entendida como "eixo

---

[31] Ver p. 45.

[32] No Brasil, o 3º ciclo inclui o 5º e 6º ano; o 4º ciclo, o 7º e o 8º ano.

[33] Ver p. 68.

[34] Ver p. 86.

[35] Ver p. 132.

[36] Ver p. 115.

[37] Ver p. 125.

[38] Ver p. 127.

[39] Ver p. 137.

organizador do processo de ensino e aprendizagem da Matemática". Refere-se que "a situação problema é o ponto de partida da atividade matemática [...] Conceitos, ideiase métodos matemáticos devem ser abordados mediante a exploração de problemas" e sublinha-se que o aluno deve "ser estimulado a questionar a sua própria resposta, a questionar o problema, a transformar um dado problema numa fonte de novos problemas, a formular problemas a partir de determinadas informações, a analisar problemas abertos – que admitem diferentes respostas em função de certas condições".[40]

A realização de pesquisas merece igualmente grande destaque em relação com os temas transversais e no ponto respeitante ao tratamento de informação, que envolve, sobretudo, conceitos de Estatística. Nesse ponto, a ideia de realização de pesquisas pelos alunos é um tema central. Por exemplo, nas orientações relativas ao 3º ciclo, pode ler-se:

> O tratamento de informação pode ser aprofundado neste ciclo pois os alunos têm melhores condições de desenvolver pesquisas sobre sua própria realidade e interpretá-la, utilizando gráficos e algumas medidas estatísticas. As pesquisas sobre Saúde, Meio Ambiente, Trabalho e Consumo etc. poderão fornecer contextos em que os conceitos e procedimentos ganham significados.[41]

Os PCN valorizam assim o papel da Matemática no estudo de diversos temas transversais. Por exemplo, no estudo do tema "Trabalho e consumo" afirmam que "situações ligadas ao tema do trabalho podem-se tornar contextos interessantes a serem explorados em sala de aula: o estudo de causas que determinam o aumento/diminuição de empregos; pesquisa sobre oferta/procura de emprego...[42] Indicam com ênfase que as pesquisas a realizar devem "ter interesse para os alunos..." e salientam a importância das fases

---

[40] Ver p. 40 e 42.

[41] Ver p. 85.

[42] Ver p. 34.

de elaboração das questões, análise das medidas estatísticas e comunicação de resultados.[43]

Podemos dizer que no currículo brasileiro as atividades de investigação e exploração merecem um grande destaque, tanto no estudo dos conteúdos matemáticos respeitantes aos Números, Grandezas e Medidas, Geometria e Probabilidades como na sua utilização em contextos da vida real, em estreita associação com a Estatística e a Análise de dados.

Verificamos, assim, forte presença da perspectiva investigativa nos currículos de Matemática e nos documentos programáticos de diversos países. Tal perspectiva está presente, em certos casos de modo mais explícito e em outros de modo mais difuso. Um caso bem explícito é o do programa francês, quando sublinha a importância de habituar os alunos à atividade científica, com referência clara ao processo de descoberta. O currículo inglês, muito sóbrio nas suas grandes orientações, não deixa de incluir aspectos diretamente relacionados com o trabalho investigativo na secção *Using and Applying Mathematics*. Os programas portugueses do ensino básico são pouco explícitos relativamente a esse tipo de trabalho, mas, em contrapartida, os programas do ensino secundário sublinham claramente a sua importância. Finalmente, os Parâmetros Curriculares Brasileiros são muito claros quanto ao papel-chave que atribuem a esse tipo de atividade, tanto nos seus objetivos gerais como nas orientações específicas respeitantes aos diversos conteúdos.

As investigações e a gestão curricular

Os documentos curriculares constituem um guia para a prática de ensino do professor. Tendo em conta os objetivos e as orientações indicadas nesses documentos, o tempo disponível e as características e interesses dos seus alunos, cabe-lhe fazer a gestão curricular, decidindo as tarefas a propor, os aspectos a que quer dar mais ênfase e o modo como pretende organizar o trabalho dos alunos.

---

[43] Ver, por exemplo, p. 60-70, 74, 135, 136.

Como vimos ao longo deste livro, o professor pode desafiar os seus alunos a realizar investigações e explorações matemáticas. No entanto, terá também de promover a realização de outras atividades como exercícios, problemas e projetos. Embora existam exemplos prototípicos de cada um desses tipos de tarefa, na prática as distinções nem sempre são fáceis de fazer. A natureza da tarefa depende muito do modo como esta é entendida e aceita pelo aluno e o próprio desenvolvimento do trabalho tem, muitas vezes, um efeito transformador. Uma tarefa que é proposta como um simples exercício, de repente, a partir de uma questão levantada por um aluno, pode tornar-se numa exploração, do mesmo modo que um projeto pode degenerar na realização de umas tantas rotinas repetitivas decalcadas de um manual ou de um exemplo já realizado.

O grande objetivo de promover o desenvolvimento de um espírito investigativo nos alunos pode ser atingido de diversas maneiras. Na maioria dos exemplos apresentados neste livro, o professor havia planejado de início uma tarefa com um enunciado cuidadosamente elaborado, ainda que variando no seu grau de abertura. No entanto, existem situações em que o processo investigativo pode desencadear-se a partir de questões que os próprios alunos colocam com base no trabalho que está a ser realizado ou que são suscitadas pelo professor. Esses momentos levantam dificuldades adicionais ao professor pela imprevisibilidade da direção que as explorações podem tomar. No entanto, podem ser extremamente ricos em termos de aprendizagem, na medida em que correspondem a questões genuínas resultantes da atividade e do questionamento do aluno. Essa forma de promover práticas de investigação, sem estabelecer uma linha de demarcação explícita entre essas e outras atividades, surge como a mais natural para o aluno, não o levando a olhar para as investigações como algo à parte na Matemática escolar. Desse modo, a atitude investigativa é algo que se fomenta continuamente nas aulas.

Há outras situações em que, pelo contrário, o professor pretende marcar, de forma inequívoca, que propõe a realização de uma tarefa de investigação e, como tal, planeja uma ou mais aulas para esse fim. Um aspecto a ter em atenção, quando se programa a realização de uma investigação desse tipo, é o estabelecimento de uma ligação estreita com os temas do currículo, por exemplo, facilitando maior familiarização e consolidação dos conceitos matemáticos por parte dos alunos. A esse respeito, recordemos a tarefa *Explorações com números*, apresentada no Capítulo 2, por meio da qual os alunos recordaram vários conceitos matemáticos (múltiplos, potências, quadrados perfeitos, números primos, soma de números pares e ímpares, divisão inteira, raízes quadradas, raízes cúbicas...) e estabeleceram novas relações entre eles. A riqueza de explorações que as investigações proporcionam facilita o estabelecimento de conexões entre temas matemáticos, aspecto que, por vezes, é descurado na prática em virtude das dificuldades de concretização.

Muitas tarefas favorecem caminhos divergentes, permitindo explorações com diferentes graus de profundidade e, consequentemente, podem ser trabalhadas em vários anos de escolaridade e por alunos com níveis de desempenho muito diferenciados. A par dessas características, que facilitam a sua integração curricular, há a considerar que muitas vezes os pré-requisitos necessários para a realização de uma tarefa de investigação são bem mais reduzidos do que o que se pode supor, como se observa em muitos dos exemplos anteriormente apresentados.

Alguns professores têm tentado implementar, de uma forma mais sistemática, as tarefas de investigação nas suas aulas, por exemplo, adotando uma abordagem de tipo investigativo ao longo de uma ou mais unidades didáticas ou mesmo de um ano letivo.[44] Nessa situação, é importante que o professor possa antecipar algumas das explorações que cada tarefa pode gerar de forma a planificar, ainda que de um modo bastante flexível, a sequência dos temas a abordar e das propostas a apresentar à turma.

A realização de investigações na aula de Matemática implica que menos tempo seja destinado para outras atividades. Ora, o tempo é um fator que todo o professor tem de ponderar na sua prática, exigindo a tomada de decisões. Diante dos objetivos que se propõe atingir com os seus alunos, ele, melhor do que ninguém,

---

[44] Uma experiência realizada ao longo de todo um ano letivo é a de BROCARDO (2002).

pode decidir o que fazer. A realização de uma investigação requer sempre certo tempo, mas o que se gasta nas primeiras experiências de investigação e nas primeiras ocasiões em que se procura discutir os resultados obtidos, pode ser recuperado mais tarde, porque os alunos já estão mais à vontade com esse tipo de atividade, sabendo aquilo que se espera deles. Além disso, o trabalho efetuado no âmbito de uma investigação, em torno de determinado conteúdo matemático, pode revelar-se de tal forma produtivo que o professor já não vê a necessidade de voltar a trabalhá-lo, ganhando assim tempo para dedicar a outro assunto.

É natural que, nas primeiras tentativas, o professor comece por recorrer a tarefas já construídas, utilizando-as nessa forma ou fazendo pequenas adaptações. Depois de algumas experiências, é provável que comece a ganhar confiança para ser ele próprio a pensar nas situações a propor aos seus alunos. O trabalho colaborativo com outros professores é um contexto muito favorável para a experimentação de novas práticas de ensino, possibilitando o confronto de ideias e experiências. É também uma situação que ajuda o professor a desenvolver confiança nas tarefas a apresentar aos seus alunos, uma vez que essas podem ser antecipadamente discutidas no grupo. Além disso, como o sucesso no ensino nunca é garantido, um grupo de colaboração pode ajudar a refletir sobre as dificuldades e os insucessos. Como refere o sociólogo canadense Andy Hargreaves, a colaboração "ajuda as pessoas a suportar os fracassos e frustrações que acompanham a mudança nos seus estádios iniciais e que, de outra maneira, a poderiam enfraquecer ou contrariar".[45] Essa rede de apoio pode ajudar o professor a encarar a experiência com as investigações matemáticas como um processo de aprendizagem e desenvolvimento profissional.

A realização de investigações matemáticas, pelo aluno, pode contribuir de modo significativo para a sua aprendizagem da Matemática e para desenvolver o gosto por essa disciplina. Também o professor pode desenvolver uma atitude investigativa em relação à Matemática e em relação à sua prática. Ao envolver-se, ele próprio,

---

[45] HARGREAVES (1998, p. 278).

a investigar situações matemáticas, o professor pode desenvolver ideias para propor aos alunos. É, também, a melhor garantia de que será capaz de dar uma boa sequência a uma questão inesperada de um aluno. Além disso, a realização de investigações em torno da sua prática profissional é uma atividade natural para um professor que pretende lidar de modo consistente e aprofundado com os problemas que surgem, constantemente, no seu trabalho. Em qualquer dos casos, a investigação surge como um poderoso meio de construção do conhecimento, que não dispensa, no entanto, o estudo, o reconhecimento do que já foi feito por outros, a identificação dos recursos que podem facilitar o trabalho, a aprendizagem das técnicas e dos meios de expressão próprios do nosso campo de trabalho e a interação com os outros em comunidades de discurso e aprendizagem.

Apêndice

Apresentamos neste apêndice a investigação realizada pelo matemático português Carlos Braumann, quando era aluno do ensino secundário, sobre as propriedades das raízes dos números complexos. Como sabemos, um número complexo $z = a+bi$ tem n raízes de índice n dadas pela expressão $r^{1/n}cis(\theta / n)w_{k,n}$, com $k = 0, 1, ..., n-1$ em que $w_{k,n}$, $k = 0, 1, ..., n-1$ são as n raízes da unidade imaginária $\sqrt{-1}$. Diz esse autor:

> Claro que, nas aulas e nos trabalhos para casa, fizemos alguns exercícios para calcular raízes de números complexos concretos e, em todos os casos, verifiquei que a soma das n raízes de um complexo z^1 0 era nula. Não podia ser coincidência. Se considerarmos a interpretação geométrica de um complexo como um vetor, vemos que as n raízes de um complexo formam (ver figura 1) raios da circunferência de centro na origem e raio $r^{1/n}$ orientados para o exterior desta e dividindo a circunferência em n ângulos iguais. Se imaginarmos esses vectores como forças aplicadas na origem, a sua simetria circular implicaria intuitivamente que a força resultante, a soma vectorial das forças aplicadas, tivesse um efeito nulo. Essa era uma explicação intuitiva do resultado, que reforçava consideravelmente a convicção da sua verdade universal, mas não era uma demonstração.[1]

---

[1] BRAUMANN, 2002, p. 3.

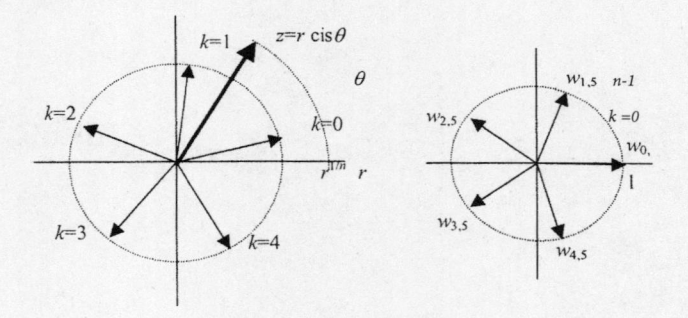

Figura 1= 5 de um complexo z = r cis θ (à esquerda) e as 5 raízes
$w_{k,5}(k = 0,1,2,3,4)$ da unidade (à direita).
As raízes da figura à esquerda obtêm-se multiplicando
$r^{1/n}$cis (θ / n)por as raízes da figura à direita.

Braumann rapidamente verificou que bastava demonstrar a
propriedade para as raízes da unidade $\sqrt{-1}$. Na verdade, as raízes
de qualquer número complexo z obtêm-se multiplicando as da unidade pela constante $r^{1/n}$cis (θ / n). O problema geral podia, pois, ser
reduzido a outro mais simples, o de demonstrar que $S = \sum_{k=0}^{n-1} w_{k,n} = 0$.

Um novo passo foi dado quando verificou que a demonstração é
fácil para n par, bastando organizar as raízes em pares corresponden-
tes a vetores com sentidos opostos. Para n ímpar, as coisas são bastante
mais complicadas. Depois de muita experimentação, decompondo as
raízes de várias formas, e analisando a sua representação geométrica,
verificou que podia obter a soma das raízes de índice 2n de ordem
ímpar a partir da soma das raízes de ordem par e multiplicá-la por
cis(π/n). E conclui o nosso autor:

> A demonstração funciona, mas é rebuscada. Mais tarde, descobri,
> quase por acaso, uma muito mais simples, notando que, para
> qualquer n > 1 natural, vem $w_{j,n} = \alpha^j$ com α= $w_{1,n}$. Então a soma
> das n raízes de índice n da unidade é simplesmente a soma dos
> n primeiros termos de uma progressão geométrica de razão α ≠
> 1 e de primeiro termo $\alpha^0 = 1$, ou seja, é igual a

$$\frac{1 - \alpha^n}{1 - \alpha} \quad \frac{1 - 1}{1 - \alpha} = 0, \text{ já que } \alpha^n = w_{n,n} = \text{cis}(2n\pi/n) = 1$$

Talvez se já conhecesse que cis $\theta = e^{i\theta}$, que permitiria escrever $w^{k,n} = e^{i2k\pi/n} = (e^{i2\pi/n})^k$, tivesse visto imediatamente que a soma das raízes de índice n era a soma dos termos de uma progressão geométrica. Eis a importância de uma boa notação.[2]

---

[2] *Idem*, p. 5-6.

Referências

ABRANTES, P., LEAL, L. C.; PONTE, J. P. (Eds.). *Investigar para aprender matemática*. Lisboa: APM e Projeto MPT, 1996.

ABRANTES, P., PONTE, J. P., FONSECA, H.; BRUNHEIRA, L. (Eds.). *Investigações matemáticas na aula e no currículo*. Lisboa: APM e Projecto MPT, 1999.

ABRANTES, P., SERRAZINA, L.; OLIVEIRA, I. *A matemática na educação básica*. Lisboa: Ministério da Educação, Departamento da Educação Básica, 1999.

BATANERO, C. *Didáctica de la estadística*. Granada: GEEUG, Departamento de Didáctica de la Matemática, Universidad de Granada, Espanha, 2001.

BICUDO, M. A. V.; GARNICA, A. V. M. *Filosofia da educação matemática*. Belo Horizonte: Autêntica, 2001.

BORBA, M. C.; PENTEADO, M. G. *Informática e educação matemática*. (2. ed.). Belo Horizonte: Autêntica, 2001.

BRANCO, J. Estatística no secundário: O ensino e seus problemas. In: LOUREIRO, C., OLIVEIRA, F.; BRUNHEIRA, L. (Eds.), *Ensino e aprendizagem da estatística*. Lisboa: SPE e APM, 2000, p. 11-30.

BRAUMANN, C. Divagações sobre investigação matemática e o seu papel na aprendizagem da matemática. In: PONTE, J. P., COSTA, C., ROSENDO, A. I., MAIA, E., FIGUEIREDO, N.; DIONÍSIO, A. F. (Eds.), *Atividades de investigação na aprendizagem da matemática e na formação de professores*. Lisboa: SEM-SPCE, 2002.

BROCARDO, J. As investigações na aula de Matemática: um projecto curricular no 8º ano (tese de doutoramento, Universidade de Lisboa). Lisboa: APM. Disponível em http://ia.fc.ul.pt, 2001.

CAI, J., LANE, S.; JAKABCSIN, M. The role of open-ended tasks and holistic scoring rubrics: Assessing students' mathematical reasoning and communication. In: ELLIOT, P. C. & KENNEY, M. J. (Eds.), *Communication in mathematics K-12 and beyond*. Reston, VA: NCTM, 1996.

CARAÇA, B. *Conceitos fundamentais da matemática* (3ª edição das partes I, II e III). Lisboa: Sá da Costa, 1958.

COCKCROFT, W. H. *Mathematics counts*. London: HMSO, 1982.

DEPARTMENT FOR EDUCATION. The national curriculum for maths. Disponível em http://dfee.gov.uk/nc/matindex.html, 1998.

FREUDENTHAL, H. *Mathematics as an educational task*. Dordrecht, Holanda: Reidel, 1973.

HADAMARD, J. *Psychology of invention in the mathematical field*. Princeton, NJ: Princeton University Press, 1945.

HARGREAVES, A. *Os professores em tempos de mudança*. Lisboa: McGraw-Hill, 1998.

HOGG, R. V. *Statistical education: Improvements are badly needed*. The American Statistician, 45(4), 1991, p. 342-343.

JACOBSEN, E. Why in the world should we teach statistics? In: R. Morris (Ed.), *Studies in mathematics education: The teaching of statistics*. Paris: UNESCO, 1989, p. 7-18.

MINISTÈRE DE L'ÉDUCATION NATIONALE, DE LA RECHERCHE ET DE LA TECHNOLOGIE. *Mathématiques: classe de seconde, classes de premières et terminales, séries ES, L, S*. Paris: Centre National de Documentation Pédagogique, 1997.

MINISTÉRIO DA EDUCAÇÃO. Parâmetros curriculares nacionais. Disponível em http://www.mec.gov.br/sef/pcn5a8.shtm, 1998.

MINISTÉRIO DA EDUCAÇÃO. *Programa de Matemática do Ensino Básico*. Lisboa: DGIDC, 2007.

MINISTÉRIO DA EDUCAÇÃO. *Matemática A – 10.º ano*. Lisboa: DES, 2001.

NATIONAL COUNCIL OF TEACHERS OF MATHEMATICS. *Normas para o currículo e a avaliação em matemática escolar*. Lisboa: APM e IIE (publicado originalmente em inglês em 1989), 1991.

NATIONAL COUNCIL OF TEACHERS OF MATHEMATICS. *Normas profissionais para o ensino da matemática*. Lisboa: APM e IIE (publicado originalmente em inglês em 1991), 1994.

NATIONAL COUNCIL OF TEACHERS OF MATHEMATICS. *Principles and standards for school mathematics*. Reston, VA: NCTM, 2000.

OLIVEIRA, H. *Atividades de investigação na aula de Matemática: aspectos da prática do professor* (tese de mestrado: Universidade de Lisboa). Lisboa: APM. Disponível em http://ia.fc.ul.pt, 1998.

POINCARÉ, H. A invenção matemática. In: ABRANTES, P. , LEAL, L. C., & PONTE, J. P. (Eds.), *Investigar para aprender matemática*. Lisboa: Projecto MPT e APM, 1996, p. 7-14.

PÓLYA, G. *A arte de resolver problemas* (tradução de H. L. Araújo). Rio de Janeiro: Interciência. (edição original de 1945), 1975.

PÓLYA, G. *Mathematical discovery (v. 2)*. New York: Wiley. (edição original de 1965), 1981.

PÓLYA, G. *Mathematics and plausible reasoning: induction and analogy in mathematics*. Princeton, NJ: Princeton University Press. (edição original de 1954), 1990.

PONTE, J. P., COSTA, C., ROSENDO, A. I., MAIA, E., FIGUEIREDO, N.; DIONÍSIO, A. F. (Eds). *Atividades de investigação na aprendizagem da matemática e na formação de professores*. Lisboa: SEM-SPCE, 2002.

PONTE, J. P., FERREIRA, C., VARANDAS, J. M., BRUNHEIRA, L.; OLIVEIRA, H. *A relação professor-aluno na realização de investigações matemáticas*. Lisboa: Projecto MPT e APM, 1999.

PONTE, J. P., & FONSECA, H. *Orientações curriculares para o ensino da estatística: Análise comparativa de três países*. Quadrante, 10(1), p. 93-132, 2001.

PONTE, J. P., OLIVEIRA, H., BRUNHEIRA, L., VARANDAS, J. M.; FERREIRA, C. *O trabalho do professor numa aula de investigação matemática*. Quadrante, 7(2), 1998, p. 41-70.

SILVA, J. S. *Geomentria analítica plana*. Lisboa: Fluminense, 1967.

SINGH, S. *A solução do último teorema de Fermat*. Lisboa: Relógio d'Água, 1998.

SNEE, R. What's missing in statistical education? *The American Statistician*, 47(2), p. 149-154, 1993.

SOUSA, O. Investigações estatísticas no 6º ano. In: GTI (Org.), *Reflectir e investigar sobre a prática profissional*. Lisboa: APM, p. 75-97, 2002.

STEWART, I. *Os problemas da Matemática*. Lisboa: Gradiva, 1995.

VARANDAS, J. M. *A avaliação de investigações matemáticas: uma experiência*. (tese de mestrado, Universidade de Lisboa). Disponível em http:// ia.fc.ul.pt, 2000.

Outros títulos da coleção
Tendências em Educação Matemática

A matemática nos anos iniciais do ensino fundamental – Tecendo fios do ensinar e do aprender
Autoras: *Adair Mendes Nacarato, Brenda Leme da Silva Mengali, Cármen Lúcia Brancaglion Passos*

Neste livro, as autoras discutem o ensino de Matemática nas séries iniciais do ensino fundamental num movimento entre o aprender e o ensinar. Consideram que essa discussão não pode ser dissociada de uma mais ampla, que diz respeito à formação das professoras polivalentes – aquelas que têm uma formação mais generalista em cursos de nível médio (Habilitação ao Magistério) ou em cursos superiores (Normal Superior e Pedagogia). Nesse sentido, elas analisam como têm sido as reformas curriculares desses cursos e apresentam perspectivas para formadores e pesquisadores no campo da formação docente. O foco central da obra está nas situações matemáticas desenvolvidas em salas de aula dos anos iniciais. A partir dessas situações, as autoras discutem suas concepções sobre o ensino de Matemática a alunos dessa escolaridade, o ambiente de aprendizagem a ser criado em sala de aula, as interações que ocorrem nesse ambiente e a relação dialógica entre alunos-alunos e professora-alunos que possibilita a produção e a negociação de significado.

Afeto em competições matemáticas inclusivas – A relação dos jovens e suas famílias com a resolução de problemas
Autoras: *Nélia Amado, Susana Carreira, Rosa Tomás Ferreira*

As dimensões afetivas constituem variáveis cada vez mais decisivas para alterar e tentar abolir a imagem fria, pouco entusiasmante e mesmo intimidante da Matemática aos olhos de muitos jovens e adultos. Sabe-se atualmente, de forma cabal, que os afetos (emoções, sentimentos, atitudes, percepções...) desempenham um papel central na aprendizagem da Matemática, designadamente na atividade de resolução de problemas. Na sequência do seu envolvimento em competições matemáticas inclusivas baseadas na internet, Nélia Amado, Susana Carreira e Rosa Tomás Ferreira debruçam-se sobre inúmeros dados e testemunhos que foram reunindo, através de questionários, entrevistas e conversas informais com alunos e pais, para caracterizar as dimensões afetivas presentes na participação de jovens alunos (dos 10 aos 14 anos) nos campeonatos de resolução de problemas SUB12 e SUB14. Neste livro, o leitor é convidado a percorrer várias das dimensões afetivas envolvidas na resolução de problemas desafiantes. A compreensão dessas dimensões ajudará a melhorar a relação das crianças e dos adultos com a Matemática e a formular uma imagem da Matemática mais humanizada, desafiante e emotiva.

Álgebra para a formação do professor – Explorando os conceitos de equação e de função

Autores: *Alessandro Jacques Ribeiro, Helena Noronha Cury*

Neste livro, Alessandro Jacques Ribeiro e Helena Noronha Cury apresentam uma visão geral sobre os conceitos de equação e de função, explorando o tópico com vistas à formação do professor de Matemática. Os autores trazem aspectos históricos da constituição desses conceitos ao longo da História da Matemática e discutem os diferentes significados que até hoje perpassam as produções sobre esses tópicos. Com vistas à formação inicial ou continuada de professores de Matemática, Alessandro e Helena enfocam, ainda, alguns documentos oficiais que abordam o ensino de equações e de funções, bem como exemplos de problemas encontrados em livros didáticos. Também apresentam sugestões de atividades para a sala de aula de Matemática, abordando os conceitos de equação e de função, com o propósito de oferecer aos colegas, professores de Matemática de qualquer nível de ensino, possibilidades de refletir sobre os pressupostos teóricos que embasam o texto e produzir novas ações que contribuam para uma melhor compreensão desses conceitos, fundamentais para toda a aprendizagem matemática.

Análise de erros – O que podemos aprender com as respostas dos alunos

Autora: *Helena Noronha Cury*

Neste livro, Helena Noronha Cury apresenta uma visão geral sobre a análise de erros, fazendo um retrospecto das primeiras pesquisas na área e indicando teóricos que subsidiam investigações sobre erros. A autora defende a ideia de que a análise de erros é uma abordagem de pesquisa e também uma metodologia de ensino, se for empregada em sala de aula com o objetivo de levar os alunos a questionarem suas próprias soluções. O levantamento de trabalhos sobre erros desenvolvidos no país e no exterior, apresentado na obra, poderá ser usado pelos leitores segundo seus interesses de pesquisa ou ensino. A autora apresenta sugestões de uso dos erros em sala de aula, discutindo exemplos já trabalhados por outros investigadores. Nas conclusões, a pesquisadora sugere que discussões sobre os erros dos alunos venham a ser contempladas em disciplinas de cursos de formação de professores, já que podem gerar reflexões sobre o próprio processo de aprendizagem.

Aprendizagem em Geometria na educação básica – A fotografia e a escrita na sala de aula

Autores: *Cleane Aparecida dos Santos, Adair Mendes Nacarato*

Muitas pesquisas têm sido produzidas no campo da Educação Matemática sobre o ensino de Geometria. No entanto, o professor, quando deseja implementar atividades diferenciadas com seus alunos, depara-se com a escassez de materiais publicados. As autoras, diante dessa constatação, constroem, desenvolvem e analisam uma proposta alternativa para explorar os conceitos geométricos, aliando o uso de imagens fotográficas às produções escritas dos alunos. As autoras almejam que o compartilhamento da experiência vivida possa contribuir tanto para o campo da pesquisa quanto para as práticas pedagógicas dos professores que ensinam Matemática nos anos iniciais do ensino fundamental.

Brincar e jogar – Enlaces teóricos e metodológicos no campo da Educação Matemática

Autor: *Cristiano Alberto Muniz*

Neste livro, o autor apresenta a complexa relação jogo/ brincadeira e a aprendizagem matemática. Além de discutir as diferentes perspectivas da relação jogo e Educação Matemática, ele favorece uma reflexão do quanto o conceito de Matemática implica a produção da concepção de jogos para a aprendizagem, assim como o delineamento conceitual do jogo nos propicia visualizar novas possibilidades de utilização dos jogos na Educação Matemática. Entrelaçando diferentes perspectivas teóricas e metodológicas sobre o jogo, ele apresenta análises sobre produções matemáticas realizadas por crianças em processo de escolarização em jogos ditos espontâneos, fazendo um contraponto às expectativas do educador em relação às suas potencialidades para a aprendizagem matemática. Ao trazer reflexões teóricas sobre o jogo na Educação Matemática e revelar o jogo efetivo das crianças em processo de produção matemática, a obra tanto apresenta subsídios para o desenvolvimento da investigação científica quanto para a práxis pedagógica por meio do jogo na sala de aula de Matemática.

Da etnomatemática a arte-design e matrizes cíclicas

Autor: *Paulus Gerdes*

Neste livro, o leitor encontra uma cuidadosa discussão e diversos exemplos de como a Matemática se relaciona com outras atividades humanas. Para o leitor que ainda não conhece o trabalho de Paulus Gerdes, esta publicação sintetiza uma parte considerável da obra desenvolvida pelo autor ao longo dos últimos 30 anos. E para quem já conhece as pesquisas de Paulus, aqui são abordados novos tópicos, em especial as matrizes cíclicas, ideia que supera não só a noção de que a Matemática é independente de contexto e deve ser pensada como o símbolo da pureza, mas também quebra, dentro da própria Matemática, barreiras entre áreas que muitas vezes são vistas de modo estanque em disciplinas da graduação em Matemática ou do ensino médio.

Descobrindo a Geometria Fractal – Para a sala de aula
Autor: *Ruy Madsen Barbosa*

Neste livro, Ruy Madsen Barbosa apresenta um estudo dos belos fractais voltado para seu uso em sala de aula, buscando a sua introdução na Educação Matemática brasileira, fazendo bastante apelo ao visual artístico, sem prejuízo da precisão e rigor matemático. Para alcançar esse objetivo, o autor incluiu capítulos específicos, como os de criação e de exploração de fractais, de manipulação de material concreto, de relacionamento com o triângulo de Pascal, e particularmente um com recursos computacionais com *softwares* educacionais em uso no Brasil. A inserção de dados e comentários históricos tornam o texto de interessante leitura. Anexo ao livro é fornecido o CD-Nfract, de Francesco Artur Perrotti, para construção dos lindos fractais de Mandelbrot e Julia.

Diálogo e aprendizagem em Educação Matemática
Autores: *Helle Alrø e Ole Skovsmose*

Neste livro, os educadores matemáticos dinamarqueses Helle Alrø e Ole Skovsmose relacionam a qualidade do diálogo em sala de aula com a aprendizagem. Apoiados em ideias de Paulo Freire, Carl Rogers e da Educação Matemática Crítica, esses autores trazem exemplos da sala de aula para substanciar os modelos que propõem acerca das diferentes formas de comunicação na sala de aula. Este livro é mais um passo em direção à internacionalização desta coleção. Este é o terceiro título da coleção no qual autores de destaque do exterior juntam-se aos autores nacionais para debaterem as diversas tendências em Educação Matemática. Skovsmose participa ativamente da comunidade brasileira, ministrando disciplinas, participando de conferências e interagindo com estudantes e docentes do Programa de Pós-Graduação em Educação Matemática da Unesp, em Rio Claro.

Didática da Matemática – Uma análise da influência francesa
Autor: *Luiz Carlos Pais*

Neste livro, Luiz Carlos Pais apresenta aos leitores conceitos fundamentais de uma tendência que ficou conhecida como "Didática Francesa". Educadores matemáticos franceses, na sua maioria, desenvolveram um modo próprio de ver a educação centrada na questão do ensino da Matemática. Vários educadores matemáticos do Brasil adotaram alguma versão dessa tendência ao trabalharem com concepções dos alunos, com formação de professores, entre outros temas. O autor é um dos maiores especialistas no país nessa tendência, e o leitor verá isso ao se familiarizar com conceitos como transposição didática, contrato didático, obstáculos epistemológicos e engenharia didática, dentre outros.

Educação a Distância *online*
Autores: *Marcelo de Carvalho Borba, Ana Paula dos Santos Malheiros, Rúbia Barcelos Amaral*

Neste livro, os autores apresentam resultados de mais de oito anos de experiência e pesquisas em Educação a Distância *online* (EaDonline), com exemplos de cursos ministrados para professores de Matemática. Além de cursos, outras práticas pedagógicas, como comunidades virtuais de aprendizagem e o desenvolvimento de projetos de modelagem realizados a distância, são descritas. Ainda que os três autores deste livro sejam da área de Educação Matemática, algumas das discussões nele apresentadas, como formação de professores, o papel docente em EaDonline, além de questões de metodologia de pesquisa qualitativa, podem ser adaptadas a outras áreas do conhecimento. Neste sentido, esta obra se dirige àquele que ainda não está familiarizado com a EaDonline e também àquele que busca refletir de forma mais intensa sobre sua prática nesta modalidade educacional. Cabe destacar que os três autores têm ministrado aulas em ambientes virtuais de aprendizagem.

Educação Estatística - Teoria e prática em ambientes de modelagem matemática
Autores: *Celso Ribeiro Campos, Maria Lúcia Lorenzetti Wodewotzki, Otávio Roberto Jacobini*

Este livro traz ao leitor um estudo minucioso sobre a Educação Estatística e oferece elementos fundamentais para o ensino e a aprendizagem em sala de aula dessa disciplina, que vem se difundindo e já integra a grade curricular dos ensinos fundamental e médio. Os autores apresentam aqui o que apontam as pesquisas desse campo, além de fomentarem discussões acerca das teorias e práticas em interface com a modelagem matemática e a educação crítica.

Educação Matemática de Jovens e Adultos – Especificidades, desafios e contribuições
Autora: *Maria da Conceição F. R. Fonseca*

Neste livro, Maria da Conceição F. R. Fonseca apresenta ao leitor uma visão do que é a Educação de Adultos e de que forma essa se entrelaça com a Educação Matemática. A autora traz para o leitor reflexões atuais feitas por ela e por outros educadores que são referência na área de Educação de Jovens e Adultos no país. Este quinto volume da coleção Tendências em Educação Matemática certamente irá impulsionar a pesquisa e a reflexão sobre o tema, fundamental para a compreensão da questão do ponto de vista social e político.

Etnomatemática – Elo entre as tradições e a modernidade
Autor: *Ubiratan D'Ambrosio*

Neste livro, Ubiratan D'Ambrosio apresenta seus mais recentes pensamentos sobre Etnomatemática, uma tendência da qual é um dos fundadores. Ele propicia ao leitor uma análise do papel da Matemática na cultura ocidental e da noção de que Matemática é apenas uma forma de Etnomatemática. O autor discute como a análise desenvolvida é relevante para a sala de aula. Faz ainda um arrazoado de diversos trabalhos na área já desenvolvidos no país e no exterior.

Etnomatemática em movimento
Autoras: *Gelsa Knijnik, Fernanda Wanderer, Ieda Maria Giongo, Claudia Glavam Duarte*

Integrante da coleção Tendências em Educação Matemática, este livro traz ao público um minucioso estudo sobre os rumos da Etnomatemática, cuja referência principal é o brasileiro Ubiratan D'Ambrosio. As ideias aqui discutidas tomam como base o desenvolvimento dos estudos etnomatemáticos e a forma como o movimento de continuidades e deslocamentos tem marcado esses trabalhos, centralmente ocupados em questionar a política do conhecimento dominante. As autoras refletem aqui sobre as discussões atuais em torno das pesquisas etnomatemáticas e o percurso tomado sobre essa vertente da Educação Matemática, desde seu surgimento, nos anos 1970, até os dias atuais.

Fases das tecnologias digitais em Educação Matemática – Sala de aula e internet em movimento
Autores: *Marcelo de Carvalho Borba, Ricardo Scucuglia Rodrigues da Silva, George Gadanidis*

Com base em suas experiências enquanto docentes e pesquisadores, associadas a uma análise acerca das principais pesquisas desenvolvidas no Brasil sobre o uso de tecnologias digitais no ensino e aprendizagem de Matemática, os autores apresentam uma perspectiva fundamentada em quatro fases. Inicialmente, os leitores encontram uma descrição sobre cada uma dessas fases, o que inclui a apresentação de visões teóricas e exemplos de atividades matemáticas características em cada momento. Baseados na "perspectiva das quatro fases", os autores discutem questões sobre o atual momento (quarta fase). Especificamente, eles exploram o uso do *software* GeoGebra no estudo do conceito de derivada, a utilização da internet em sala de aula e a noção denominada performance matemática digital, que envolve as artes. Este livro, além de sintetizar de forma retrospectiva e original uma visão sobre o uso de tecnologias em Educação Matemática, resgata e compila de maneira exemplificada questões teóricas e propostas de atividades, apontando assim inquietações importantes sobre o presente e o futuro da sala de aula de Matemática. Portanto, esta obra traz assuntos potencialmente interessantes para professores e pesquisadores que atuam na Educação Matemática.

Filosofia da Educação Matemática
Autores: *Maria Aparecida Viggiani Bicudo, Antonio Vicente Marafioti Garnica*

Neste livro, Maria Bicudo e Antonio Vicente Garnica apresentam ao leitor suas ideias sobre Filosofia da Educação Matemática. Eles propiciam ao leitor a oportunidade de refletir sobre questões relativas à Filosofia da Matemática, à Filosofia da Educação e mostram as novas perguntas que definem essa tendência em Educação Matemática. Neste livro, em vez de ver a Educação Matemática sob a ótica da Psicologia ou da própria Matemática, os autores a veem sob a ótica da Filosofia da Educação Matemática.

Formação matemática do professor – Licenciatura e prática docente escolar
Autores: *Plinio Cavalcante Moreira e Maria Manuela M. S. David*

Neste livro, os autores levantam questões fundamentais para a formação do professor de Matemática. Que Matemática deve o professor de Matemática estudar? A acadêmica ou aquela que é ensinada na escola? A partir de perguntas como essas, os autores questionam essas opções dicotômicas e apontam um terceiro caminho a ser seguido. O livro apresenta diversos exemplos do modo como os conjuntos numéricos são trabalhados na escola e na academia. Finalmente, cabe lembrar que esta publicação inova ao integrar o livro com a internet. No site da editora www.autenticaeditora.com.br, procure por Educação Matemática e pelo título "A formação matemática do professor: licenciatura e prática docente escolar", onde o leitor pode encontrar alguns textos complementares ao livro e apresentar seus comentários, críticas e sugestões, estabelecendo, assim, um diálogo online com os autores.

História na Educação Matemática – Propostas e desafios
Autores: *Antonio Miguel e Maria Ângela Miorim*

Neste livro, os autores discutem diversos temas que interessam ao educador matemático. Eles abordam História da Matemática, História da Educação Matemática e como essas duas regiões de inquérito podem se relacionar com a Educação Matemática. O leitor irá notar que eles também apresentam uma visão sobre o que é História e abordam esse difícil tema de uma forma acessível ao leitor interessado no assunto. Este décimo volume da coleção certamente transformará a visão do leitor sobre o uso de História na Educação Matemática.

Informática e Educação Matemática
Autores: *Marcelo de Carvalho Borba, Miriam Godoy Penteado*

Os autores tratam de maneira inovadora e consciente da presença da informática na sala de aula quando do ensino de Matemática. Sem prender-se a clichês que entusiasmadamente apoiam o uso de computadores para o ensino de Matemática ou criticamente negam qualquer uso desse tipo, os autores citam exemplos práticos, fundamentados em explicações teóricas objetivas, de como se pode relacionar Matemática e informática em sala de aula. Tratam também de questões políticas relacionadas à adoção de computadores e calculadoras gráficas para o ensino de Matemática.

Interdisciplinaridade e aprendizagem da Matemática em sala de aula
Autores: *Vanessa Sena Tomaz e Maria Manuela M. S. David*

Como lidar com a interdisciplinaridade no ensino da Matemática? De que forma o professor pode criar um ambiente favorável que o ajude a perceber o que e como seus alunos aprendem? Essas são algumas das questões elucidadas pelas autoras neste livro, voltado não só para os envolvidos com Educação Matemática como também para os que se interessam por educação em geral. Isso porque um dos benefícios deste trabalho é a compreensão de que a Matemática está sendo chamada a engajar-se na crescente preocupação com a formação integral do aluno como cidadão, o que chama a atenção para a necessidade de tratar o ensino da disciplina levando-se em conta a complexidade do contexto social e a riqueza da visão interdisciplinar na relação entre ensino e aprendizagem, sem deixar de lado os desafios e as dificuldades dessa prática. Para enriquecer a leitura, as autoras apresentam algumas situações ocorridas em sala de aula que mostram diferentes abordagens interdisciplinares dos conteúdos escolares e oferecem elementos para que os professores e os formadores de professores criem formas cada vez mais produtivas de se ensinar e inserir a compreensão matemática na vida do aluno.

Lógica e linguagem cotidiana – Verdade, coerência, comunicação, argumentação
Autores: *Nílson José Machado e Marisa Ortegoza da Cunha*

Neste livro, os autores buscam ligar as experiências vividas em nosso cotidiano a noções fundamentais tanto para a Lógica como para a Matemática. Através de uma linguagem acessível, o livro possui uma forte base filosófica que sustenta a apresentação sobre Lógica e certamente ajudará a coleção a ir além dos muros do que hoje é denominado Educação Matemática. A bibliografia comentada permitirá que o leitor procure outras obras para aprofundar os temas de seu interesse, e um índice remissivo, no final do livro, permitirá que o leitor ache facilmente explicações sobre vocábulos como contradição, dilema, falácia, proposição e sofisma. Embora este livro seja recomendado a estudantes de cursos de graduação e de especialização, em todas as áreas, ele também se destina a um público mais amplo. Visite também o site: www.rc.unesp.br/igce/pgem/gpimem.html.

Matemática e arte
Autor: *Dirceu Zaleski Filho*

Neste livro, Dirceu Zaleski Filho propõe reaproximar a Matemática e a arte no ensino. A partir de um estudo sobre a importância da relação entre essas áreas, o autor elabora aqui uma análise da contemporaneidade e oferece ao leitor uma revisão integrada da História da Matemática e da História da Arte, revelando o quão benéfica sua conciliação pode ser para o ensino. O autor sugere aqui novos caminhos para a Educação Matemática, mostrando como a Segunda Revolução Industrial – a eletroeletrônica, no século XXI – e a arte de Paul Cézanne, Pablo Picasso e, em especial, Piet Mondrian contribuíram para essa reaproximação, e como elas podem ser importantes para o ensino de Matemática em sala de aula. *Matemática e Arte* é um livro imprescindível a todos os professores, alunos de graduação e de pós-graduação e, fundamentalmente, para professores da Educação Matemática.

Modelagem em Educação Matemática
Autores: *João Frederico da Costa de Azevedo Meyer, Ademir Donizeti Caldeira, Ana Paula dos Santos Malheiros*

A partir de pesquisas e da experiência adquirida em sala de aula, os autores deste livro oferecem aos leitores reflexões sobre aspectos da Modelagem e suas relações com a Educação Matemática. Esta obra mostra como essa disciplina pode funcionar como uma estratégia na qual o aluno ocupa lugar central na escolha de seu currículo. Os autores também apresentam aqui a trajetória histórica da Modelagem e provocam discussões sobre suas relações, possibilidades e perspectivas em sala de aula, sobre diversos paradigmas educacionais e sobre a formação de professores. Para eles, a Modelagem deve ser datada, dinâmica, dialógica e diversa. A presente obra oferece um minucioso estudo sobre as bases teóricas e práticas da Modelagem e, sobretudo, a aproxima dos professores e alunos de Matemática.

O uso da calculadora nos anos iniciais do ensino fundamental
Autoras: *Ana Coelho Vieira Selva e Rute Elizabete de Souza Borba*

Neste livro, Ana Selva e Rute Borba abordam o uso da calculadora em sala de aula, desmistificando preconceitos e demonstrando a grande contribuição dessa ferramenta para o processo de aprendizagem da Matemática. As autoras apresentam pesquisas, analisam propostas de uso da calculadora em livros didáticos e descrevem experiências inovadoras em sala de aula em que a calculadora possibilitou avanços nos conhecimentos matemáticos dos estudantes dos anos iniciais do ensino fundamental. Trazem também diversas sugestões de uso da calculadora na sala de aula que podem contribuir para um novo olhar, por parte dos professores, para o uso dessa ferramenta no cotidiano da escola.

Pesquisa em ensino e sala de aula – Diferentes vozes em uma investigação
Autores: *Marcelo de Carvalho Borba, Helber Rangel Formiga Leite de Almeida, Telma Aparecida de Souza Gracias*

Pesquisa em ensino e sala de aula: diferentes vozes em uma investigação não se trata apenas de uma obra sobre metodologia de pesquisa: neste livro, os autores abordam diversos aspectos da pesquisa em ensino e suas relações com a sala de aula. Motivados por uma pergunta provocadora, eles apontam que as pesquisas em ensino são instigadas pela vivência dos professores em suas salas de aulas, e esse "cotidiano" dispara inquietações acerca de sua atuação, de sua formação, entre outras. Ainda, os autores lançam mão da metáfora das "vozes" para indicar que o pesquisador, seja iniciante ou mesmo experiente, não está sozinho em uma pesquisa, ele "escuta" a literatura e os referenciais teóricos e os entrelaça com a metodologia e os dados produzidos.

Pesquisa Qualitativa em Educação Matemática
Organizadores: *Marcelo de Carvalho Borba, Jussara de Loiola Araújo*

Os autores apresentam, neste livro, algumas das principais tendências no que tem sido denominado "Pesquisa Qualitativa em Educação Matemática". Essa visão de pesquisa está baseada na ideia de que há sempre um aspecto subjetivo no conhecimento produzido. Não há, nessa visão, neutralidade no conhecimento que se constrói. Os quatro capítulos explicam quatro linhas de pesquisa em Educação Matemática, na vertente qualitativa, que são representativas do que de importante vem sendo feito no Brasil. São capítulos que revelam a originalidade de seus autores na criação de novas direções de pesquisa.

Psicologia na Educação Matemática
Autor: *Jorge Tarcísio da Rocha Falcão*

Neste livro, o autor apresenta ao leitor a Psicologia da Educação Matemática, embasando sua visão em duas partes. Na primeira, ele discute temas como psicologia do desenvolvimento e psicologia escolar e da aprendizagem, mostrando como um novo domínio emerge dentro dessas áreas mais tradicionais. Em segundo lugar, são apresentados resultados de pesquisa, fazendo a conexão com a prática daqueles que militam na sala de aula. O autor defende a especificidade deste novo domínio, na medida em que é relevante considerar o objeto da aprendizagem, e sugere que a leitura deste livro seja complementada por outros desta coleção, como *Didática da Matemática: sua influência francesa, Informática e Educação Matemática e Filosofia da Educação Matemática.*

Relações de gênero, Educação Matemática e discurso – Enunciados sobre mulheres, homens e matemática
Autoras: *Maria Celeste Reis Fernandes de Souza, Maria da Conceição F. R. Fonseca*

Neste livro, as autoras nos convidam a refletir sobre o modo como as relações de gênero permeiam as práticas educativas, em particular as que se constituem no âmbito da Educação Matemática. Destacando o caráter discursivo dessas relações, a obra entrelaça os conceitos de *gênero*, *discurso* e *numeramento* para discutir enunciados envolvendo mulheres, homens e Matemática. As autoras elegeram quatro enunciados que circulam recorrentemente em diversas práticas sociais: "Homem é melhor em Matemática (do que mulher)"; "Mulher cuida melhor... mas precisa ser cuidada"; "O que é escrito vale mais" e "Mulher também tem direitos". A análise que elas propõem aqui mostra como os discursos sobre relações de gênero e matemática repercutem e produzem desigualdades, impregnando um amplo espectro de experiências que abrange aspectos afetivos e laborais da vida doméstica, relações de trabalho e modos de produção, produtos e estratégias da mídia, instâncias e preceitos legais e o cotidiano escolar.

Tendências internacionais em formação de professores de Matemática
Organizador: *Marcelo de Carvalho Borba*

Neste livro, alguns dos mais importantes pesquisadores em Educação Matemática, que trabalham em países como África do Sul, Estados Unidos, Israel, Dinamarca e diversas Ilhas do Pacífico, nos trazem resultados dos trabalhos desenvolvidos. Esses resultados e os dilemas apresentados por esses autores de renome internacional são complementados pelos comentários que Marcelo C. Borba faz na apresentação, buscando relacionar as experiências deles com aquelas vividas por nós no Brasil. Borba aproveita também para propor alguns problemas em aberto, que não foram tratados por eles, além de destacar um exemplo de investigação sobre a formação de professores de Matemática que foi desenvolvida no Brasil.